Symmetrielehre der Kristallographie

Modelle der 32 Kristallklassen zum Selbstbau

von
Dr. Rüdiger Borchardt
und
Siegfried Turowski

Oldenbourg Verlag München Wien

Die Deutsche Bibliothek - CIP-Einheitsaufnahme

Borchardt, Rüdiger:
Symmetrielehre der Kristallographie : Modelle der 32 Kristallklassen
zum Selbstbau / von R. Borchardt und S. Turowski. – München ;
Wien : Oldenbourg, 1999
   ISBN 3-486-24648-8

© 1999 Oldenbourg Wissenschaftsverlag GmbH
Rosenheimer Straße 145, D-81671 München
Telefon: (089) 45051-0, Internet: http://www.oldenbourg.de

Das Werk einschließlich aller Abbildungen ist urheberrechtlich geschützt. Jede Verwertung außerhalb der Grenzen des Urheberrechtsgesetzes ist ohne Zustimmung des Verlages unzulässig und strafbar. Das gilt insbesondere für Vervielfältigungen, Übersetzungen, Mikroverfilmungen und die Einspeicherung und Bearbeitung in elektronischen Systemen.

Lektorat: Kristin Berber-Nerlinger
Herstellung: Rainer Hartl
Umschlagkonzeption: Kraxenberger Kommunikationshaus, München
Gedruckt auf säure- und chlorfreiem Papier
Gesamtherstellung: Grafik + Druck, München

Symmetrielehre der Kristallographie

Modelle der 32 Kristallklassen zum Selbstbau

> Wir können sehen, was gar nicht da ist,
> doch was da ist, nehmen wir nicht wahr.
>
> Ernst Peter Fischer[1]

Vorwort

Es ist ganz wichtig, sich von dem Vorurteil zu befreien, daß das Bauen von Modellen eine Spielerei ist, die Zeit in Anspruch nimmt, aber keinen Nutzen hat.
Viele Dinge, die die räumliche Ausdehnung von Kristallen, die Form von Flächen oder die Lage von Achsen im Kristall betreffen, sind in den Modellen sehr anschaulich zu betrachten und logisch nachvollziehbar.
In 3-dimensionalen Zeichnungen können sie perspektivisch so sehr verzerrt sein, daß einige Flächen eine ganz andere Form und Symmetrie zu haben scheinen als die tatsächliche. Auch beschreibende Texte können nicht alle diese Schwächen beheben.

Darum suchten wir nach anderen Möglichkeiten und haben diesen Modellbausatz zusammengestellt.
Im Begleittext werden die Modelle in tabellarischer Form und mit zahlreichen Abbildungen so beschrieben, daß alle kristallographisch relevanten Merkmale an den fertig aufgebauten Kristallmodellen problemlos wiedergefunden werden können. Dazu tragen auch die Symbole und Kennzeichnungen auf den Modellen selbst bei.
Die Modelle verschiedener Kristallsysteme sind aus unterschiedlich farbigen Kartons, die Kristallklassen eines Kristallsystems in derselben Farbe aufgebaut.

Gerade in Zeiten knapper Mittel, in denen an Universitäten nicht in Modelle investiert wird, kann sich ein Student seine eigene Sammlung aufbauen und die Modelle zur Übung oder zur Wiederholung, z.B. vor Prüfungen, in aller Ruhe zu Hause be-greifen, oder sein Wissen in einer Lerngruppe mit anderen KommilitonInnen überprüfen. Damit ist auch eine gewisse Unabhängigkeit von Sammlungen der Universität oder von deren Öffnungszeiten gegeben. Dort sind häufig nur spezielle Modelle vorhanden, die reale Kristalle, z.B. Quarzkristalle, darstellen. In diesem Buch sind derartige Modelle nicht enthalten, statt dessen aber ideale Beispiele für alle Kristallklassen.

---

[1] Professor für Wissenschaftsgeschichte an der Universität Konstanz

Das menschliche Gehirn kann sogar aus scheinbaren Konturen, d.h. aus Begrenzungslinien, die nicht vollständig vorhanden sind, Formen erkennen, wie dies in den beiden Abbildungen gezeigt ist.

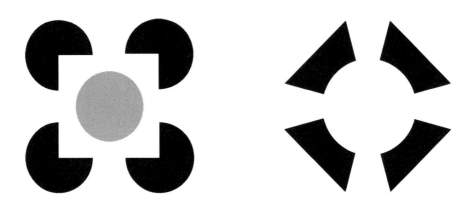

In der linken Abbildung kann man ein weißes Quadrat erkennen, daß sich **vor** den schwarzen Kreisen, aber **hinter** dem grauen Kreis befindet. Tatsächlich ist die Figur aus 3/4-Kreisen aufgebaut; das Quadrat existiert nur in der Vorstellung.
In der rechten Abbildung läßt sich nachvollziehen, daß sich hinter dem weißen Kreis schwarze Dreiecke befinden, obwohl sie teilweise verdeckt sind.
Diese Erscheinung beruht auf unserer Erfahrung, wie Formen aussehen und Objekte hintereinander angeordnet sein können. An vielen anderen Stellen ist es jedoch unbedingt notwendig, Körper in die Hand nehmen und von allen Seiten betrachten zu können, um eine Vorstellung ihrer räumlichen Ausdehnung zu gewinnen.
Genau diese Möglichkeit ist allen StudentInnen und anderen Interessierten mit diesem Arbeitsbuch eröffnet worden.

Wir möchten nicht versäumen, Herrn Dr. W. Borchardt-Ott dafür zu danken, daß er sich bereit erklärte, das gesamte Manuskript zu lesen und Verbesserungsvorschläge mit uns zu diskutieren.
Dem Satzcentrum Jung gebührt Dank für die kooperative Zusammenarbeit beim Satz des gesamten Werkes.
Das Zustandekommen des Buches ermöglichte vor allem Frau Berber-Nerlinger vom Oldenbourg Verlag. Wir danken ihr hiermit für ihren Einsatz und die verständnisvolle Zusammenarbeit.

Jetzt wünschen wir allen viel Spaß mit dem Fachgebiet Kristallographie und mit diesem Buch!

Gießen, Herborn im Frühjahr 1999   Rüdiger Borchardt
                                                              Siegfried Turowski

Gliederung der "Symmetrielehre der Kristallographie"

Einführung in die Kristallographie

- Erklärung der Begriffe "Mineral" und "Kristall"
    - Minerale als natürliche Kristalle
    - Atomarer Aufbau als Ursache für Symmetrien

- Einführung und Erklärung der stereographischen Projektion

- Grundbegriffe der Symmetrielehre
    - Symmetrieelemente
    - Symmetrieoperationen

- Beschreibung der 7 Kristallsysteme und Darstellung ihrer Koordinatensysteme mit Bezeichnungen der Winkel

- Internationale Symbolik der Kristallklassen nach Hermann-Mauguin (Tabelle)
    - Art der genannten Symmetrieelemente
    - Reihenfolge der Blickrichtungen in Abhängigkeit vom Kristallsystem

- Tabelle der 32 Kristallklassen

- Allgemeine und spezielle Flächenlagen
    - Beispiel für die Veränderung der Symmetrie durch die Aufstellung eines Kristalls im Raum

- Enantiomorphie

- Beschreibung der Darstellungen und Tabellen zu den 32 Kristallmodellen

- Hinweise zum Aufbau der Modelle

- Tabellen und Abbildungen zu den 32 Kristallklassen

- Literaturverzeichnis

- Mineral- und Formelregister

- Sachwortregister (inkl. Mineralnamen)

Modellbauteil

Inhaltsverzeichnis

Vorwort	I
Gliederung	III
Zeichenerklärung und Abkürzungen	VII
Einführung in die Kristallographie	1
- Mineral	2
- Kristall	2
Einführung in die stereographische Projektion	3
- Grundbegriffe	3
- Vorgehen bei der Projektion	3
- Darstellungen von Achsen und Symmetrieoperatoren in der stereographischen Projektion	5
- Das Wulffsche Netz	6
Grundbegriffe der Symmetrielehre	6
- Symmetrie und Symmetrieelemente	6
- Symmetrieoperationen	7
- Beispiele für Symmetrieoperationen	7
- Translation	7
- Drehung	7
- Beispiele für die bei Kristallen auftretenden reinen Drehoperationen	8
- Spiegelung	9
- Spiegellinien und Spiegelebenen	9
- Inversion	10
- Drehinversions- und Spiegeloperationen	10
- Beispiele für Drehinversionsoperationen, die an Kristallen auftreten	11
- Koppelung von Symmetrieelementen	12
- Koppelung zweier nicht äquivalenter Spiegelebenen	12
- Kombination von Drehung und Spiegelung	13
a) Spiegelebene ∥ der Drehachse	13
b) Spiegelebene ⊥ der Drehachse	13
- Gleitspiegelung	14
- Schraubung	14
Kristallsysteme	15
- Beschreibung der für die Kristallographie gebräuchlichen Kristallsysteme	15
- Bezeichnung der Winkel zwischen den Achsen	15
- kubisch	15
- tetragonal	15
- hexagonal	16
- trigonal	16
- (ortho-)rhombisch	16
- monoklin	16
- triklin	16

Inhaltsverzeichnis V

Internationale Symbole der Kristallklassen (nach Hermann-Mauguin) 17
- Art der Symmetrieelemente und Reihenfolge der Aufzählung
  in Abhängigkeit vom Kristallsystem (Tabelle) 18
- Tabelle der 32 Kristallklassen 19

Allgemeine und spezielle Flächenlagen 21
- Formen und Kombinationen von Formen 21
- Aufstellung der Kristalle im Raum (im Koordinatensystem) 21
- Unterscheidung zwischen allgemeiner und spezieller Lage 22
- Enantiomorphie 24

Einführung in den Modellbau
- Informationen über die Darstellungen im weiteren Verlauf des Buches 25
- Systematik der Tabellen im weiteren Verlauf des Buches 26
- Symbolik der Modellbaubögen 26
- Hinweise zum Aufbau der Modelle 27

Tabellen und Abbildungen zu den 32 Kristallklassen geordnet nach
  Kristallsystemen
  - Kubisches Kristallsystem
    - Hexakisoktaeder (Modell 1) 28
    - Pentagonikositetraeder (Modell 2) 30
    - Dyakisdodekaeder (Modell 3) 32
    - Hexakistetraeder (Modell 4) 34
    - tetraedrisches Pentagondodekaeder (Modell 5) 36
  - Tetragonales Kristallsystem
    - ditetragonale Dipyramide (Modell 6) 38
    - tetragonales Trapezoeder (Modell 7) 40
    - tetragonale Dipyramide (Modell 8) 42
    - tetragonales (didigonales) Skalenoeder (Modell 9) 44
    - tetragonales Disphenoid (Modell 10) 46
    - ditetragonale Pyramide (Modell 11) 48
    - tetragonale Pyramide (Modell 12) 50
  - Hexagonales Kristallsystem
    - dihexagonale Dipyramide (Modell 13) 52
    - hexagonales Trapezoeder (Modell 14) 54
    - hexagonale Dipyramide (Modell 15) 56
    - ditrigonale Dipyramide (Modell 16) 58
    - trigonale Dipyramide (Modell 17) 60
    - dihexagonale Pyramide (Modell 18) 62
    - hexagonale Pyramide (Modell 19) 64
  - Trigonales Kristallsystem
    - ditrigonales Skalenoeder (Modell 20) 66
    - trigonales Trapezoeder (Modell 21) 68
    - Rhomboeder (Modell 22) 70
    - ditrigonale Pyramide (Modell 23) 72
    - trigonale Pyramide (Modell 24) 74

- Orthorhombisches Kristallsystem
    - rhombische Dipyramide (Modell 25) — 76
    - rhombisches Disphenoid (Modell 26) — 78
    - rhombische Pyramide (Modell 27) — 80
- Monoklines Kristallsystem
    - Prisma (Modell 28) — 82
    - Doma (Modell 29) — 84
    - Sphenoid (Modell 30) — 85
- Triklines Kristallsystem
    - triklines Pinakoid (Modell 31) — 88
    - triklines Pedion (Modell 32) — 90

Literatur und Literaturhinweise — 92

Register
- Minerale und deren chemische Formeln — 94
- Sachwortregister — 103

Modellbauteil — 109

Die Modellbauseiten 1 bis 32 sind entsprechend dem Tabellen- und Abbildungsteil angeordnet.

Zeichenerklärung und Abkürzungen

Zeichenerklärung

$\bar{1}$ Inversionszentrum (sprich: eins quer)

m Spiegellinie, Spiegelebene

⬥ 2-zählige Drehachse

▲ 3-zählige Drehachse

△ 3-zählige Drehinversionsachse

■ 4-zählige Drehachse

◩ 4-zählige Drehinversionsachse

⬢ 6-zählige Drehachse

⬡ 6-zählige Drehinversionsachse

$\frac{2}{m}$ Spiegelebene senkrecht zu einer 2-zähligen Drehachse (sprich: zwei über m), z.T. auch als 2/m geschrieben

✕ Symbol in stereographischen Darstellungen für Flächen, die oberhalb der Äquatorebene liegen

○ Symbol in stereographischen Darstellungen für Flächen, die unterhalb der Äquatorebene liegen

⊗ Symbol in stereographischen Darstellungen für Flächen, die oberhalb und unterhalb der Äquatorebene vorkommen

▢ Symbol für die Achsenaustrittstelle in stereographischen Projektionen

□ Symbol für die Achsenaustrittstelle in den stereographischen Projektionen, in denen alle Symmetrielemente eingezeichnet sind (zur besseren Übersichtlichkeit)

p polare Achsen, d.h. Achsen mit unterschiedlich geformten Enden (z.B. Pyramide)

∥ parallel zu ...

⊥ senkrecht zu ...

Abkürzungen

Abb.	Abbildung
a	a-Achse
a_1, a_2	a_1-, a_2-Achse
	(bei tetragonalen, hexagonalen, trigonalen und kubischen Kristallen)
a_3	a_3-Achse
	(bei hexagonalen, trigonalen und kubischen Kristallen)
b	b-Achse
c	c-Achse
hex.	hexagonal
kub.	kubisch
mkl.	monoklin
orh.	(ortho-)rhombisch
tetr.	tetragonal
trig.	trigonal
t(r)kl.	triklin
n	Zähligkeit einer Drehachse
N	Nordpol
s.	siehe
S	Südpol
stereogr.	stereographisch
Tab.	Tabelle
Z	Zenit (= Nordpol)
Z´	Nadir (= Südpol)
φ	(phi) Azimutwinkel
ϕ	(phi) Drehwinkel der Zähligkeit n einer Drehachse
ρ	(rho) Poldistanz

Einführung in die Kristallographie

Die Kristallographie befaßt sich mit kristalliner Materie, also mit festen Substanzen, deren Aufbau bestimmten Gesetzmäßigkeiten unterliegt.

Die Kristallographie ist eine Disziplin der Mineralogie. Es beschäftigen sich aber nicht nur Mineralogen mit kristallinen Stoffen, sondern auch für Physiker, Chemiker (auch aus der Organischen Chemie) und Werkstoffkundler ist eine detaillierte Kenntnis dieses speziellen festen Aggregatzustandes von grundlegender Bedeutung. In Biologie und Medizin wird ebenfalls in zunehmendem Maße auf Informationen über den kristallinen Aufbau von Materie zurückgegriffen, um den biologischen Aufbau von Hartsubstanzen durch Organismen oder die Strukturen von Molekülen (beispielsweise von Polypeptiden oder Proteinen) besser zu verstehen.

In den Agrarwissenschaften, wo sich die Bodenkundler mit dem Aufbau und dem Zustand sowie der Bildung von Böden beschäftigen, ist das Wissen um Kristallstrukturen für das Verständnis vieler Eigenschaften auch sehr wichtig.

Bevor man sich jedoch mit dem Aufbau und der Struktur von Kristallen und deren einzelnen Eigenschaften, in diesem Buch speziell mit den Symmetrieeigenschaften, genauer befaßt, sind einige grundlegende Begriffe einzuführen und zu erläutern.

Im Folgenden werden die Begriffe "Mineral" und "Kristall" definiert, daran anschließend wird die stereographische Projektion, die ein zum Verständnis der Kristallklassen wichtiges Hilfsmittel darstellt, kurz eingeführt, wobei nur auf die grundlegend wichtigen Eigenschaften eingegangen werden kann. Stereogramme werden dann später im Buch zu jeder Kristallklasse in Verbindung mit dem Kristallmodell und zur Darstellung der Lage von Symmetrieelementen eingesetzt.

Danach wird ausführlich auf Symmetrieelemente eingegangen. Ausgehend von diesen werden die Symmetrieoperationen beschrieben und anhand von Abbildungen verdeutlicht. Darauf baut die Darstellung der Kristallsysteme auf. Zur Veranschaulichung werden die Koordinatensysteme mit ihren Winkeln ebenfalls mit Hilfe von Abbildungen erklärt.

Es folgen eine Erklärung der internationalen Symbolik der Kristallklassen nach Hermann-Mauguin und eine tabellarische Zusammenstellung der 32 Kristallklassen (Punktgruppen).

Welche Bedeutung die richtige Aufstellung eines Kristalls im Raum (bzw. im Koordinatensystem) hat, wird an einem Beispiel erklärt, bevor sich der Aufbau der Kristallmodelle anschließt.

Zu jeder Kristallklasse wird die Symbolik angegeben; tabellarisch werden Minerale, die in dieser Kristallklasse kristallisieren, aufgeführt; es folgen Abbildungen des Kristalls mit dessen kristallographischen Achsen, ein Kopfbild und ein Stereogramm. Weiterhin sind die vorhandenen Symmetrieelemente sowie deren Anzahl und Lage im Kristall tabellarisch zusammengetragen. Abbildungen der Symmetrieelemente anhand des Kristallmodells und eine stereographische Darstellung der Symmetrieelemente vervollständigen die Beschreibung der Kristallklasse. Zu jeder Klasse kann dann ein Modell aufgebaut werden, in dem die Symmetrieelemente eingezeichnet sind. Die Modelle sind farblich den 7 Kristallsystemen zugeordnet und mit dem Symbol nach Hermann-Mauguin, der Formbezeichnung und der fortlaufenden Nummer aus diesem Buch beschriftet, so daß eine exakte Zuordnung jederzeit möglich ist.

Mineral

Ein Mineral ist ein Element oder eine chemische Verbindung, die gewöhnlich kristallin ist und die sich als Produkt geologischer Prozesse gebildet hat (Ernest H. Nickel, 1995).
Minerale bilden die Haupt- und Nebengemengteile der Gesteine. Sie sind chemisch ± gleich zusammengesetzt, haben in parallelen Richtungen ± gleiche physikalische Eigenschaften, eine definierte Anordnung ihrer Bausteine und die ihrer Art entsprechende Morphologie (äußere Erscheinungsform), d.h. sie sind strukturell gleich aufgebaut.
Synthetische Kristalle unterliegen den gleichen Gesetzen.

Kristall

Kristalle sind 3-dimensional periodisch aus Ionen, Atomen oder Molekülen aufgebaute homogene Festkörper.
Dieser Aufbau ist die Ursache dafür, daß verschiedene Kristalle verschiedene Erscheinungsformen und Symmetrien besitzen. Allerdings kann auch die gleiche Substanz bei unterschiedlichen Bildungsbedingungen in verschiedenen Kristallsystemen kristallisieren. Als Beispiel sei der Quarz genannt: SiO_2 kristallisiert polymorph, d.h. bei gleichem Chemismus mit unterschiedlicher Kristallstruktur. Bei niedrigen Temperaturen und niedrigen Drucken kristallisiert SiO_2 als Tiefquarz (trigonal).
Mit steigender Temperatur verändern sich die Modifikationen bei niedrigem Druck von Hochquarz (hexagonal) über Tief- und Hoch-Tridymit (monoklin oder hexagonal) zum Tief- und Hoch-Cristobalit (tetragonal oder kubisch).
Bei niedrigen Temperaturen und hohen Drucken sind Coesit (monoklin) und Stishovit (tetragonal) stabil. Zusätzlich kann SiO_2 als Kieselglas amorph auftreten. Hier wird sehr schnell klar, daß der kristalline Aufbau nicht nur vom Material selbst, sondern auch stark von den Bildungsbedingungen abhängt. Mit den unterschiedlichen Kristallklassen, in denen SiO_2 auftritt, ändern sich auch die Materialeigenschaften wesentlich.
Viele Substanzen kristallisieren in verschiedenen Trachten, womit die Gesamtheit der an einem Kristall auftretenden Formen gemeint ist. Bei Calcit (ditrigonal-skalenoedrisch) sind z. Zt. über 1000 verschiedene Erscheinungsformen (in derselben Kristallklasse!) bekannt.

Ein Stoff ist **homogen**, wenn er in parallelen Richtungen gleiche Eigenschaften zeigt. Die Homogenität kann aber auch auf einzelne Eigenschaften beschränkt sein, dann spricht man z.B. von chemischer oder physikalischer Homogenität.
Ein Feststoff ist **isotrop**, wenn er gleiche physikalische Eigenschaften in allen Richtungen aufweist und **anisotrop**, wenn er in verschiedenen Richtungen verschiedene physikalische Eigenschaften zeigt, d.h. wenn meßbare Eigenschaften richtungsabhängig sind.

Unter "**Periodizität**" versteht man im allgemeinen die Wiederholung von Motiven und Eigenschaften. Die speziell in der Kristallographie für die Kristallstruktur auftretende Translation wird auf S. 7 erklärt.

Einführung in die stereographische Projektion

Grundbegriffe (zum besseren Verständnis siehe Abb. 1 - 4)

Projektionskugel (Polkugel) nennt man die Kugel, in deren Mittelpunkt der Kristall gestellt wird; auf ihrer Oberfläche werden die Ausstichpunkte der Flächennormalen markiert.
Flächenpol = Schnittpunkt der Flächennormalen mit der Kugeloberfläche
Projektionsebene = Äquatorebene
Äquatorkreis = Grundkreis = Schnitt der Projektionskugel mit der Äquatorebene
Kreismittelpunkt = Mittelpunkt aller Großkreise
Nordpol (N) = Zenit (Z) oder oberer Augpunkt
Südpol (S) = Nadir (Z´) oder unterer Augpunkt
Nordhalbkugel = Halbkugel oberhalb der Äquatorebene
Südhalbkugel = Halbkugel unterhalb der Äquatorebene
Azimutwinkel φ (phi) = Winkel auf dem Grund- oder Äquatorkreis
Poldistanz ρ (rho) = Winkel zwischen Flächenpol und Nord-/Südpol

Die stereographische Projektion wird in der Kristallographie als wichtigste Projektionsart eingesetzt. Sie hat **zwei entscheidende Vorteile** gegenüber anderen Projektionen:
- sie ist kreistreu
  d.h. Kreise auf der Projektionskugel bleiben in der Projektionsebene als Kreise erhalten oder werden zu Geraden (Kreisradius = ∞),
- sie ist winkeltreu
  d.h. Winkel haben in der Projektion denselben Wert wie auf der Projektionskugel.

Nachteile:
- die Projektion ist nicht flächentreu
  d.h. Flächen werden in der Projektion auf einen Punkt reduziert dargestellt.
- Längen werden verzerrt wiedergegeben

Vorgehen bei der Projektion

Ein Kristall wird ins Zentrum einer Kugel (Pol- oder Projektionskugel genannt) gestellt. Danach werden die Flächennormalen eingezeichnet. Als Flächennormale bezeichnet man diejenige <u>Gerade, die durch das Kugelzentrum</u> verläuft <u>und senkrecht auf der ihr zugehörigen Fläche</u> steht. Sie müssen nicht unbedingt die am Kristall ausgebildete Flächengröße treffen. Die Flächennormalen werden so weit verlängert, bis sie die Oberfläche der Projektionskugel schneiden. Diese Schnittpunkte P werden markiert und dienen als Bezugspunkte (Flächenpole) für die folgende Projektion (Abb. 2 und 3).
Für die Projektion selbst verbindet man diese markierten Schnittpunkte P mit dem Pol, der auf der gegenüberliegenden Kugelhälfte liegt, d.h. Punkte, die oberhalb der Äquatorebene (auf der Nordhalbkugel) liegen, werden mit dem Südpol S, solche Punkte, die unterhalb der Äquatorebene liegen (Südhalbkugel), werden mit dem Nordpol N verbunden. Die Pole werden auch als "Augpunkte" bezeichnet. Jetzt werden die Punkte P´, an denen die Verbindungslinien zu den Polen die Äquatorebene schneiden, aufgesucht und gekennzeichnet. Je nachdem, ob die projizierten Flächen ober- oder unterhalb des Äquators liegen, ist folgende Symbolik zum Markieren der Schnittpunkte P´ zu verwenden:
- Punkte von Flächen aus der Nordhalbkugel (oberhalb der Äquatorebene) werden mit einem liegenden Kreuz dargestellt
- Punkte von Flächen aus der Südhalbkugel werden mit "leeren" Kreisen gekennzeichnet.

Die so konstruierten Punkte auf der Äquatorebene als Projektionsfläche stellen die Flächen des projizierten Kristalls dar. Die einzelnen Schritte sind in den Skizzen auf Seite 5 abgebildet.

Diese Punkte können mit Hilfe des Wulffschen Netzes (siehe Abb. 4 auf S. 6) eingetragen und über die Winkel ρ und φ eindeutig bestimmt werden.
Der Winkel ρ gibt die Poldistanz, also den Winkel zwischen Flächenpol (= Projektionspunkt einer Fläche) und Nord- bzw. Südpol an.
φ wird Azimutwinkel genannt und gibt den Winkel auf dem Großkreis von Osten aus an.

Umgekehrt kann man die mit zweikreisigen Reflexionsgoniometern bestimmten Winkelkoordinaten mit Hilfe des Wulffschen Netzes auf Transparentpapier eintragen. Daraus läßt sich die stereographische Projektion des Kristalls konstruieren, um damit Informationen über die Flächen und Flächenlagen zu erhalten.

Die stereographische Projektion beruht darauf, daß bei unterschiedlichen Kristallen der gleichen Kristallart die Winkel zwischen Flächen gleicher räumlicher Lage stets gleich groß sind. Diese Beziehung ist von der Größe der Flächen und damit von den Größenverhältnissen zueinander unabhängig (siehe hierzu z.B. Borchardt-Ott oder andere Lehrbücher der Kristallographie).

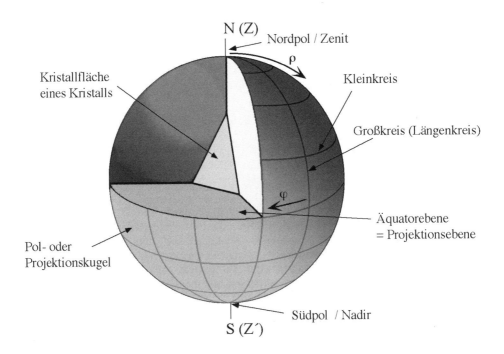

Abb. 1: Darstellung der Pol- oder Projektionskugel, die in den folgenden Abbildungen schematisch bzw. in Schnitten gezeichnet wird.

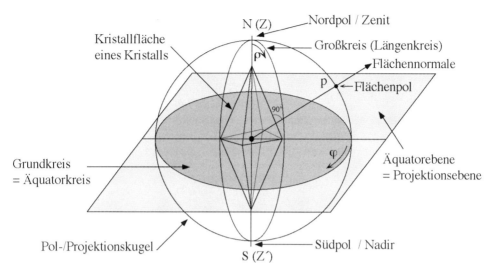

Abb. 2: Aufstellung eines Kristalls im Kugelmittelpunkt und Konstruktion der Flächennormalen. P ist der Durchstoßpunkt der Flächennormalen durch die Kugeloberfläche und wird als Flächenpol bezeichnet.

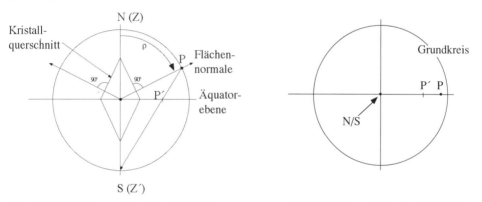

Abb. 3a): Blickrichtung ⊥ der Nord-Süd-Achse   b): Blickrichtung ∥ der Nord-Süd-Achse

Darstellung von Achsen, Symmetrieelementen und Kristallflächen in der stereographischen Projektion

- Spiegelebenen erscheinen als Projektionen von Großkreisen.
- Das Inversionszentrum liegt im Mittelpunkt der stereographischen Projektion.
- Bei monoklinen Kristallen liegt ein Achsenausstichpunkt nicht auf einem Zonenkreis[2].
- Bei triklinen Kristallen liegen zwei Achsenausstichpunkte nicht auf Zonenkreisen.
- Flächen auf der Nordhalbkugel werden mit einem Kreuz gekennzeichnet.
- Flächen auf der Südhalbkugel werden mit einem Kreis angegeben.

---

[2] Die Pole von Flächen, deren Schnittkanten parallel zueinander verlaufen, liegen auf einem Großkreis (= Zonenkreis) und gehören einer Zone an.

Das Wulffsche Netz

Das Wulffsche Netz ist eine stereographische Abbildung der Groß- und Kleinkreise eines Globus (vgl. Abb. 1). Außer dem Grundkreis gehen alle Großkreise durch den Nord- und Südpol (Abb. 4). Der Winkelabstand zwischen den eingezeichneten Groß- und Kleinkreisen beträgt in der Regel 2°.

Ortsbezeichnungen in der stereographischen Projektion werden mit Hilfe des Azimutwinkels φ (phi) und der Poldistanz ρ (rho) angegeben (Abb. 1 bis 3) und können mit Hilfe des Wulffschen Netzes sofort abgelesen (ausgezählt) werden.

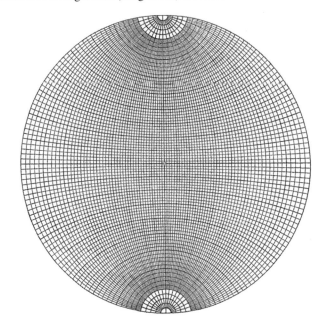

Abb. 4: Schematische Darstellung des Wulffschen Netzes

Grundbegriffe der Symmetrielehre

Symmetrie und Symmetrieelemente

Unter Symmetrie versteht man in der Kristallographie die gesetzmäßige Wiederholung eines Motivs. Das Motiv ist die kleinste asymmetrische Einheit. Dies kann ein einzelnes Atom oder Molekül oder eine größere Einheit (z.B. ein SiO_4-Tetraeder) sein.
Symmetrieelemente stellen die Gesamtheit aller in Abb. 7 a-d vorgestellten Drehachsen und Drehinversionsachsen einschließlich Spiegelebenen und Inversionszentrum dar. Die in diesen Abbildungen in der letzten Spalte aufgeführten Formen (Definition siehe S. 21) sind als Ergebnis der Wirkungsweise der betreffenden Symmetrieelemente auf eine Fläche allgemeiner Lage mittels der stereographischen Projektion zu verstehen.

Einführung in die Kristallographie

Symmetrieoperationen

Symmetrieoperationen sind Deckoperationen, mit Hilfe derer die entsprechenden Motive mit sich selbst zur Deckung gebracht werden.
Solche Operationen sind - Drehung (um eine Achse der Zähligkeit n)
- Spiegelung (an einer Linie, Ebene m)
- Translation (Verschiebung entlang einer Linie oder Ebene)
- Inversion (Spiegelung am Symmetriezentrum)

Neben diesen Grundoperationen kommen Koppelungen wie z.B. Drehspiegelung, Schraubung, Gleitspiegelung und Drehinversion vor.

Translation

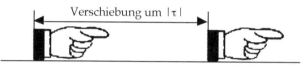

Abb. 5: Beispiel einer Translation um |τ|

Im Beispiel (Abb. 5) kann das Motiv "zeigende Hand" durch Verschiebung, **Translation** genannt, um |τ| (τ ist der Translationsvektor) mit sich selbst zur Deckung gebracht werden. Dies ist die einfachste Deckoperation.

Drehung

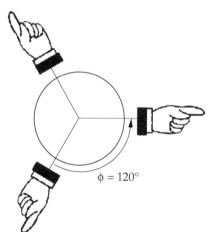

Bei Drehoperationen (Abb. 6 und 7) kann ein Motiv durch Drehung um einen bestimmten Winkelbetrag (im Beispiel in Abb. 6 um 120° gegen den Uhrzeigersinn) in sich selbst überführt werden, d.h. die Abbildungen sind nach einer Drehung um 120° deckungsgleich.

Aus dem Winkel ϕ, um den man bis zur nächsten deckungsgleichen Abbildung drehen muß, kann man die "Zähligkeit" n der Drehachse nach der Formel

$$n = \frac{360°}{\phi} \qquad (1)$$

(mit ϕ = Drehwinkel bis zur Deckung)
berechnen.

Abb. 6: Beispiel einer Drehung um den Winkel ϕ = 120°

Beispiele für die bei Kristallen auftretenden reinen Drehoperationen

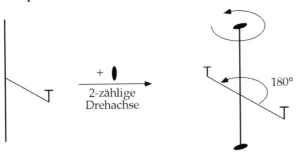 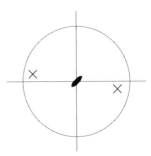

Abb. 7a): 2-zählige Drehachse, Drehung um 180°   Stereogramm der Operation

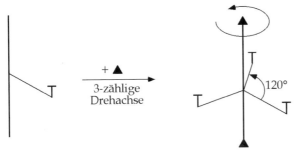 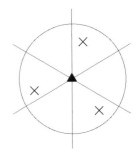

Abb. 7b): 3-zählige Drehachse, Drehung um 120°   Stereogramm der Operation

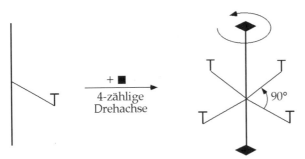 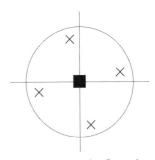

Abb. 7c): 4-zählige Drehachse, Drehung um 90°   Stereogramm der Operation

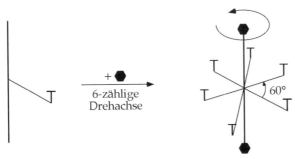 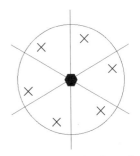

Abb. 7d): 6-zählige Drehachse, Drehung um 60°   Stereogramm der Operation

Spiegelung

Spiegellinien und Spiegelebenen

Spiegelungen sind im 2-dimensionalen Raum durch Spiegellinien dargestellt, im 3-dimensionalen Raum als Spiegelebene. Punkte, an denen gespiegelt wird, stellen eine Sonderform, das Inversionszentrum, dar und werden hier getrennt besprochen. Als Beispiel für Spiegellinien ist in der nebenstehenden Abbildung 8 der Buchstabe R verwendet worden. Jeder Punkt des "R" rechts ist von der Spiegellinie genausoweit entfernt wie der entsprechende Punkt des "Я" links davon.

In der 3. Dimension ist für eine Spiegelung eine Ebene, die Spiegelebene notwendig.

Wenn man für jeden Punkt eines Motivs eine Senkrechte zur Spiegelebene konstruiert, wird jeder Punkt des Motivs, im Beispiel der Abb. 9a die "zeigende Hand", so gespiegelt, daß er auf der gegenüberliegenden Seite im gleichen Abstand von der Spiegelebene abgebildet wird.

Abb. 8: Spiegellinie

Beispiel für eine Spiegelebene mit Abbildung der stereographischen Projektion

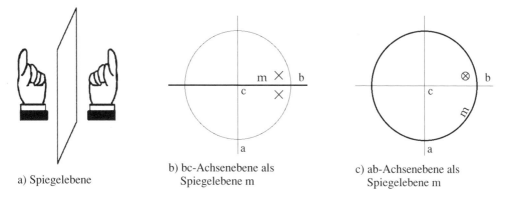

a) Spiegelebene

b) bc-Achsenebene als Spiegelebene m

c) ab-Achsenebene als Spiegelebene m

Abb. 9a-c): Wirkung einer Spiegelebene und stereographische Projektionen verschiedener Anordnungen der Spiegelebene

Die Beispiele für stereographischen Projektionen von spiegelsymmetrischen Motiven (Abb. 9b und c) zeigen einmal die bc-Achsenebene, d.h. die Ebene, in der die b- und c- Achse liegen, als Spiegelebene m, zum anderen die ab-Achsenebene als Spiegelebene m, die im Stereogramm als äußerer Kreis dargestellt ist.

Translationsgitter sowie Punkt- und Raumgruppen sind in den Lehrbüchern der Mineralogie und Kristallographie sehr ausführlich beschrieben. Eine Liste weiterführender Literatur befindet sich im Anhang.

Inversion

Bei der Inversion wird ein Motiv an einem Punkt, dem Inversionszentrum, gespiegelt. Dadurch ist die Abbildung nicht nur spiegelverkehrt, sondern sie steht auch auf dem Kopf. In der Abbildung mit der "zeigenden Hand" (Abb. 10a) ist zu erkennen, daß einmal die Handfläche und einmal der Handrücken zum Betrachter hinweisen.

Jeder Punkt des Ursprungsmotivs ist auch hierbei genausoweit vom Inversionszentrum entfernt, wie der zugehörige Punkt des abgebildeten Motivs auf der anderen Seite des Inversionszentrums. Dies ist mit den 3 Hilfslinien angedeutet. Auch hier ist zusätzlich das Bild der stereographischen Projektion gezeigt.

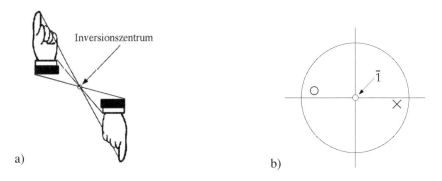

Abb. 10a) und b): Wirkungen eines Inversionszentrums und zugehörige stereographische Projektion

Drehinversions- und Spiegeloperationen

Außer reinen Drehoperationen sind auch Drehinversionen und -spiegelungen möglich.

Die Drehinversion stellt eine Koppelung (gleichzeitiges Wirken) der Symmetrieoperationen Drehung und Spiegelung an einem Punkt (im Kristallzentrum = Inversionszentrum) dar. In Abbildung 11 ist die Wirkung dieser Symmetrieoperation am Beispiel der "2-zähligen Drehinversion" dargestellt. Es ist zu erkennen, daß das Ergebnis dieser Operation mit der Spiegelung an einer Ebene (hier: graue Fläche) identisch ist.

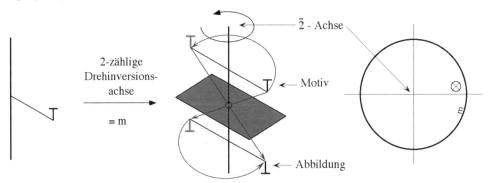

Abb. 11: Darstellung der Wirkung einer Drehinversion. Die grauen "T" sind nicht real vorhanden, sondern nur Hilfen zur Konstruktion. Die Pfeile zeichnen die zwei möglichen Wege nach.

Beispiele für Drehinversionsoperationen, die an Kristallen auftreten

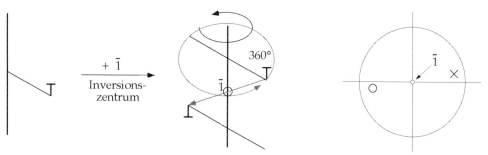

Abb. 12a): 1-zählige Drehinversionsachse, Drehung um 360° + Inversion, Stereogramm der Operation

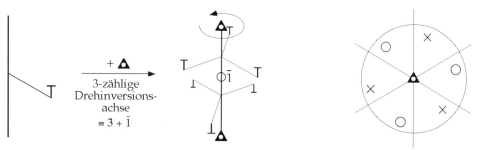

Abb. 12b): 3-zählige Drehinversionsachse, Drehung um 120° + Inversion, Stereogramm der Operation

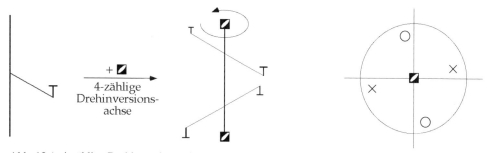

Abb. 12c): 4-zählige Drehinversionsachse, Drehung um 90° + Inversion, Stereogramm der Operation

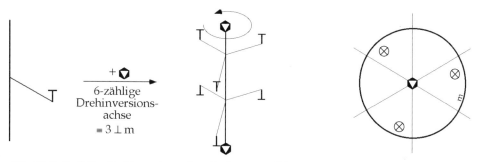

Abb. 12d): 6-zählige Drehinversionsachse, Drehung um 60° + Inversion, Stereogramm der Operation

In den Abbildungen 12a bis d wird deutlich, daß 6-, 4- und 3-zählige Drehinversionen auch durch die Koppelung einer 3-, 4- und 6-zähligen Drehung mit einer Spiegelung an der senkrecht zur Drehachse stehenden Ebene (allgemeine Abkürzung S_i) erzeugt werden können. 1- und 2-zählige Drehinversionen können durch die Koppelung von 2- und 1-zähliger Drehung mit einer Spiegelung erzeugt werden. Daraus folgt: $S_3 \equiv \bar{6}$; $S_4 \equiv \bar{4}$; $S_6 \equiv \bar{3}$; $S_1 \equiv \bar{2} \equiv m$ und $S_2 \equiv \bar{1}$.

Koppelungen von Symmetrieelementen

Koppelung zweier nicht äquivalenter Spiegelebenen

Die Koppelung von 2 nicht äquivalenten Spiegelebenen m_1 und m_2 unter einem Winkel α erzeugt eine Drehsymmetrie mit dem Drehwinkel $\phi = 2\alpha$. (In der Beispielkonstruktion in Abb. 13 sind $\alpha = 30°$ und $\phi = 60°$.) Dabei entstehen auch noch zusätzliche symmetrieäquivalente Spiegelebenen m_3, m_4, ...

$$m_1 \angle m_2 \rightarrow \phi [°]$$

$$\phi = 2\alpha = \frac{360°}{n} \rightarrow n = \frac{360°}{2\alpha} \qquad (2)$$

ϕ ist der Drehwinkel der Zähligkeit n,
n ist die Angabe der Zähligkeit der Drehachse

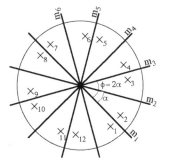

Abb. 13: Koppelung von Spiegelebenen

Bei der Koppelung zweier nicht symmetrieäquivalenter Spiegelebenensätze kann man nur bei bestimmten Winkeln nach allen Operationen ein mit dem Ausgangsmotiv deckungsgleiches Motiv erzeugen. Die Winkel, mit denen dies möglich ist, sind in der Tabelle 1 zusammengestellt.

Wenn n geradzahlig ist, entstehen 2 nicht symmetrieäquivalente Spiegelebenensätze; wenn n ungeradzahlig ist, entsteht nur 1 Satz symmetrieäquivalenter Spiegelebenen, da die 2 Spiegelebenensätze funktionsgleich sind.

Tabelle 1: Zusammenstellung von Drehwinkel, Zähligkeit und Spiegelebenensätzen

α	$\phi (= 2\alpha)$	n	1. Satz [a]	2. Satz [a]
180°	360°	1	m	---
90°	180°	2	m_1	m_2
60°	120°	3	m_1, m_2, m_3	---
45°	90°	4	m_1, m_3	m_2, m_4
(36°)	(72°)	(5)	(m_1, m_2, m_3, m_4, m_5)	(---)
30°	60°	6	m_1, m_3, m_5	m_2, m_4, m_6

a = 1. bzw. 2. Satz nicht symmetrieäquivalenter Spiegelebenen

Kombination von Drehung und Spiegelung

a) Spiegelebenen parallel der Drehachse

Wenn eine n-zählige Drehachse mit $\phi = 2\alpha$ als Drehwinkel mit einer parallelen Spiegelebene kombiniert wird (dies bedeutet ein nacheinander erfolgendes Wirken der Symmetrieoperationen), ergeben sich folgende weitere mögliche Symmetrieelemente:

- weitere symmetrieäquivalente Spiegelebenen mit ϕ als Winkel ($\angle$) zu m_1
- ein Satz nicht äquivalenter Spiegelebenen mit $\phi/2$ als Winkel zu m_1 ($\alpha = \angle$ zu m_1)

  * wenn **n geradzahlig** ist, entsteht eine Verdopplung des Ausgangssatzes an Spiegelebenen, so daß 2 nicht symmetrieäquivalente Spiegelebenensätze entstehen.

  für n = 2: m_1 und m_2 (Abb. 14)
  für n = 4: (m_1, m_3) und (m_2, m_4)
  für n = 6: (m_1, m_3, m_5) und (m_2, m_4, m_6)

  * wenn **n ungeradzahlig** ist, entsteht nur ein einfacher Satz symmetrieäquivalenter Spiegelebenen

  für n = 3:
  (m_1, m_2, m_3), da $m_1 \equiv m_4$, $m_2 \equiv m_5$ und $m_3 \equiv m_6$ sind.

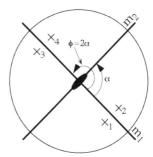

Abb. 14: Kombination von Drehachsen und Spiegelebenen

b) Spiegelebenen senkrecht der Drehachse

Spiegelebenen m, die senkrecht zu einer Drehachse n angeordnet sind, werden in dieser Kombination mit dem Symbol n/m (sprich: n über m) bezeichnet. Durch diese kombinierte Symmetrieoperation mit der senkrecht angeordneten Spiegelebene wird die Anzahl der Flächen eines Kristalls verdoppelt. Alle Flächen, die oberhalb der Äquatorebene (= Spiegelebene) auftreten, werden an ihr gespiegelt und zusätzlich auf der unteren Halbkugel abgebildet.

  * wenn n = 1 ist, ist die Symmetrieoperation $\equiv$ m

  * wenn n geradzahlig ist, ergibt sich zusätzlich ein Inversionszentrum
    (die Figur wird dann auch "zentrosymmetrisch" genannt)
    Achtung: $\bar{4}$ besitzt nicht die gleiche Symmetrie wie 4/m , denn in 4/m ist ein Symmetriezentrum enthalten, in $\bar{4}$ nicht.

  * wenn n ungeradzahlig ist, entsteht kein Symmetriezentrum

Gleitspiegelung

Die Gleitspiegelung entsteht durch Koppelung von Translation (Verschiebung) und Spiegelung. Nach jedem Translationsschritt um den Betrag des Translationsvektors τ entlang einer Spiegelebene, wird eine Spiegelung ausgeführt (Abb. 15). Dabei tritt das Motiv alternierend auf den beiden Seiten der Spiegelebene jeweils um den Betrag von τ verschoben auf.

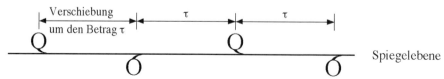

Abb. 15: Gleitspiegelung

Schraubung

Durch die Koppelung von Translation und Drehung wird eine Schraubung um eine Schraubenachse erzeugt. Ein Motiv wird um |τ| entlang der Schraubenachse verschoben und anschließend um den Winkel φ der n-zähligen Drehachse gedreht.

Bei der Schraubung ist zu beachten, daß je nach Drehsinn Links- oder Rechtsschraubungen entstehen, die in ihrer Erscheinung und in ihren Eigenschaften unterschiedlich sind (z.B. Drehung des Lichts durch optisch aktive Kristalle, wie z.B. Quarz, nach links oder nach rechts). Unten ist ein Beispiel für eine trigonale Schraubung abgebildet (Abb. 16).

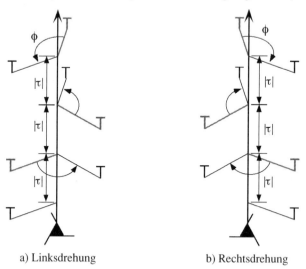

a) Linksdrehung   b) Rechtsdrehung

Abb. 16: trigonale Schraubungen mit Drehsinn nach a) links und b) rechts

In den Abbildungen sind die grauen "T" nur Konstruktionshilfen, um den Gang der Schraubung zeigen zu können; sie sind nicht real vorhanden. Die beiden Schraubenachsen sind enantiomorph, d.h. sie können nur durch Spiegelung ineinander überführt werden.

Kristallsysteme

Beschreibung der für die Kristallographie gebräuchlichen Kristallsysteme

Zum rechtwinkligen Achsensystem gehören kubische, tetragonale und rhombische Kristalle (Abb. 17, 18 und 20); alle übrigen Kristallsysteme (Abb. 19, 21 und 22) sind schiefwinklig. In den Abbildungen 17 - 22 ist die Elementarzelle als kleinste, periodisch im Kristall wiederkehrende Einheit sowie die Einheitsfläche, die die Koordinatenachsen mit kleinsten Achsenabschnitten schneidet, eingetragen. Für das trigonale Kristallsystem kann auch eine rhombische Aufstellung gewählt werden, auf die hier nicht weiter eingegangen wird.

Bezeichnung der Winkel zwischen den Achsen

α = Winkel zwischen b- und c-Achse

β = Winkel zwischen a- und c-Achse

γ = Winkel zwischen a- und b-Achse

kubisch

$|a| (a_1) = |b| (a_2) = |c| (a_3)$

$\alpha = \beta = \gamma = 90°$

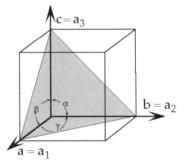

Abb. 17: kubische Elementarzelle mit Einheitsfläche (grau dargestellt)

tetragonal

$|a| (a_1) = |b| (a_2) \neq |c|$

$\alpha = \beta = \gamma = 90°$

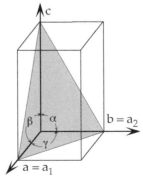

Abb. 18: tetragonale Elementarzelle mit Einheitsfläche (grau dargestellt)

hexagonal und trigonal

$|a_1| = |a_2| = |a_3| \neq |c|$
$\alpha = \beta = 90°; \gamma = 120°$

Im trigonalen Kristallsystem ist der Drehwinkel $\phi = 120°$, im hexagonalen Kristallsystem beträgt er nur $60°$.

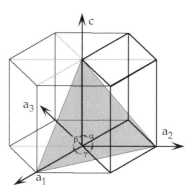

Abb. 19: trimetrische (hex. und trig.) Elementarzelle (durch dickere Linien markiert) mit Einheitsfläche (grau dargestellt)

orthorhombisch

$|a| \neq |b| \neq |c|$
$\alpha = \beta = \gamma = 90°$

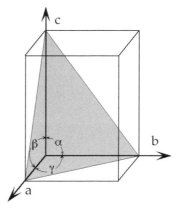

Abb. 20: rhombische Elementarzelle mit Einheitsfläche (grau dargestellt)

monoklin

$|a| \neq |b| \neq |c|$
$\alpha = \gamma = 90°; \beta \neq 90°$

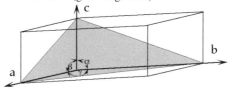

Abb. 21: monokline Elementarzelle mit Einheitsfläche (grau dargestellt)

triklin

$|a| \neq |b| \neq |c|$
$\alpha \neq \beta \neq \gamma \neq 90°$

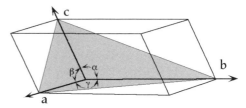

Abb. 22: trikline Elementarzelle mit Einheitsfläche (grau dargestellt)

Internationale Symbole der Kristallklassen (nach Hermann-Mauguin)

Unter **Kristallsystem** versteht man alle Kristalle, die dem gleichen Achsenkreuz zugeordnet werden können.
Aus den verschiedenen Kombinationsmöglichkeiten aller Symmetrieelemente an Kristallen ergeben sich insgesamt 32 Kombinationen, die als **Kristallklassen** bzw. **Punktgruppen** bezeichnet werden.
International wird für die Bezeichnung der 32 Kristallklassen (Tab. 3) die Symbolik nach Hermann-Mauguin verwendet. Aus den maximal 3-stelligen Symbolen (Tab. 2) kann man mit Kenntnis der Bedeutung ihrer Reihenfolge die Lage der Symmetrieelemente entnehmen und einem Kristall eindeutig zuordnen. Diese Symbolik wird im folgenden kurz erklärt, detailliertere Informationen können in den Lehrbüchern der Kristallographie[3] nachgelesen werden.

Zuerst wird die Symmetrieachse durch die Angabe ihrer Zähligkeit charakterisiert. Drehinversionsachsen werden durch einen Querstrich über der Zahlenangabe gekennzeichnet.
Das Symmetriezentrum wird nur dann extra angegeben, wenn keine anderen Symmetrieelemente vorhanden sind (triklin pediale Klasse).
Die Bezeichnung "$\bar{2}$" wird nicht verwendet, da eine 2-zählige Drehinversionsachse mit einer Spiegelebene "m" identisch ist (Abb. 11).

Wenn mehrere symmetrieäquivalente Symmetrieelemente vorhanden sind, wird nur eines angegeben, da sich die weiteren aus der Gesamtsymmetrie zwangsläufig ergeben.

Nicht symmetrieäquivalente Symmetrieelemente werden nebeneinander aufgezählt. Die Reihenfolge ihrer Angabe ist in der Tab. 2 auf S. 18 für alle Kristallsysteme zusammengestellt.

Spiegelebenen, die parallel der Drehachse liegen, werden deren Zähligkeitsangabe nachgestellt (z.B. 6mm).

Symmetrieoperationen, die in anderen, höherwertigen angegebenen enthalten sind, werden in der Regel nicht angegeben (z.B. eine 2 in der höherwertigen Angabe $\bar{4}$). Sonst sind in der Hermann-Mauguinschen Symbolik alle nicht symmetrieäquivalenten Symmetrieelemente enthalten.

Die Einhaltung der richtigen Reihenfolge bei der Bezeichnung eines Kristalls ist von größter Wichtigkeit, da nur dann eine exakte Zuordnung der Kristallklasse möglich ist.

---

[3] z.B. Borchardt-Ott, Kristallographie
Eine Liste weiterführender Literatur ist im Anhang zusammengestellt.

Internationale Symbolik der Kristallklassen nach Hermann-Mauguin

Tabelle 2: Art der Symmetrieelemente und die Reihenfolge der Aufzählung in Abhängigkeit vom Kristallsystem tabellarisch zusammengefaßt.

Kristallsystem	1. Stelle	2. Stelle	3. Stelle
kubisch	Dreh- oder Drehinversionsachsen ∥ zu den a_1-, a_2- und a_3-Achsen; Spiegelebenen ⊥ zu den a_1-, a_2- und a_3-Achsen	Dreh- oder Drehinversionsachsen ∥ zu den Raumdiagonalen des Würfels;	Drehachsen ∥ zu den Flächendiagonalen des Würfels; Spiegelebenen ⊥ zu den Flächendiagonalen des Würfels
tetragonal	Dreh- oder Drehinversionsachsen ∥ zur c-Achse; Spiegelebenen ⊥ zur c-Achse	Drehachsen ∥ zu den a_1- und a_2-Achsen; Spiegelebenen ⊥ zu den a_1- und a_2-Achsen	Drehachsen ∥ zu den Winkelhalbierenden zweier a-Achsen; Spiegelebenen ⊥ zu den Winkelhalbierenden zweier a-Achsen
hexagonal	Dreh- oder Drehinversionsachse ∥ zur c-Achse; Spiegelebene ⊥ zur c-Achse	Drehachsen ∥ zu den a_1-, a_2- und a_3-Achsen; Spiegelebenen ⊥ zu den a_1-, a_2- und a_3-Achsen	Drehachsen ∥ zu den Winkelhalbierenden zweier a-Achsen; Spiegelebenen ⊥ zu den Winkelhalbierenden zweier a-Achsen
trigonal	Dreh- oder Drehinversionsachse ∥ zur c-Achse; Spiegelebene ⊥ zur c-Achse	Drehachsen ∥ zu den a_1-, a_2- und a_3-Achsen; Spiegelebenen ⊥ zu den a_1-, a_2- und a_3-Achsen	nicht benötigt
orthorhombisch	Drehachse ∥ zur a-Achse; Spiegelebene ⊥ zur a-Achse	Drehachse ∥ zur b-Achse; Spiegelebene ⊥ zur b-Achse	Drehachse ∥ zur c-Achse; Spiegelebene ⊥ zur c-Achse
monoklin	Drehachse ∥ zur b-Achse; Spiegelebene ⊥ zur b-Achse	nicht vorhanden	nicht vorhanden
triklin	keine Zuordnung der Symmetrieelemente zu den kristallographischen Achsen	nicht vorhanden	nicht vorhanden

Bei richtiger Aufstellung der Kristalle können Symmetrieelemente nur parallel oder senkrecht der angegebenen Richtungen vorkommen.

Tabelle 3: 32 Kristallklassen

Formbezeichnung	Internat. Symbol nach Hermann-Mauguin	Kurzschreibweise	Schönflies-Symbol	Modell-Nr.
kubisch				
Hexakisoktaeder	$\frac{4}{m}\bar{3}\frac{2}{m}$	$m\bar{3}m$	O_h	1
Pentagonikositetraeder	432	432	O	2
Dyakisdodekaeder	$\frac{2}{m}\bar{3}$	$m\bar{3}$	T_h	3
Hexakistetraeder	$\bar{4}3m$	$\bar{4}3m$	T_d	4
tetraedr. Pentagondodekaeder	23	23	T	5
tetragonal				
ditetragonale Dipyramide	$\frac{4}{m}\frac{2}{m}\frac{2}{m}$	$\frac{4}{m}mm$	D_{4h}	6
tetragonales Trapezoeder	422	422	D_4	7
tetragonale Dipyramide	$\frac{4}{m}$	$\frac{4}{m}$	C_{4h}	8
tetr. (didigon.) Skalenoeder	$\bar{4}2m$	$\bar{4}2m$	D_{2d}	9
tetragonales Disphenoid	$\bar{4}$	$\bar{4}$	S_4	10
ditetragonale Pyramide	4mm	4mm	C_{4v}	11
tetragonale Pyramide	4	4	C_4	12
hexagonal				
dihexagonale Dipyramide	$\frac{6}{m}\frac{2}{m}\frac{2}{m}$	$\frac{6}{m}mm$	D_{6h}	13
hexagonales Trapezoeder	622	622	D_6	14
hexagonale Dipyramide	$\frac{6}{m}$	$\frac{6}{m}$	C_{6h}	15
ditrigonale Dipyramide	$\bar{6}m2$	$\bar{6}m2$	D_{3h}	16
trigonale Dipyramide	$\bar{6}$	$\bar{6}$	C_{3h}	17
dihexagonale Pyramide	6mm	6mm	C_{6v}	18
hexagonale Pyramide	6	6	C_6	19

Tabelle 3: 32 Kristallklassen (Fortsetzung)

Formbezeichnung	Internat. Symbol nach Hermann-Mauguin	Kurz-schreib-weise	Schönflies-Symbol	Modell-Nr.
trigonal				
ditrigonales Skalenoeder	$\bar{3}\frac{2}{m}$	$\bar{3}m$	D_{3d}	20
trigonales Trapezoeder	32	32	D_3	21
trigonales Rhomboeder	$\bar{3}$	$\bar{3}$	C_{3i}	22
ditrigonale Pyramide	3m	3m	C_{3v}	23
trigonale Pyramide	3	3	C_3	24
orthorhombisch				
rhombische Dipyramide	$\frac{2}{m}\frac{2}{m}\frac{2}{m}$	mmm	D_{2h}	25
rhombisches Disphenoid	222	222	D_2	26
rhombische Pyramide	mm2	mm2	C_{2v}	27
monoklin				
rhombisches Prisma	$\frac{2}{m}$	$\frac{2}{m}$	C_{2h}	28
Doma	m	m	C_s	29
Sphenoid	2	2	C_2	30
triklin				
triklines Pinakoid	$\bar{1}$	$\bar{1}$	C_i	31
triklines Pedion	1	1	C_1	32

Symbolik nach Schönflies

Die Schönflies-Symbolik ist international nicht üblich und veraltet. Sie ist hier nur der Vollständigkeit halber angegeben, da sie in älteren Lehrbüchern und Tabellen noch vorkommt.

C = cyklisch	D = Dieder	T = Tetraeder	O = Oktaeder
h = horizontal	v = vertikal	d = diagonal	S = Spiegelung i = Inversionszentrum

Allgemeine und spezielle Flächenlagen

Formen und Kombinationen von Formen

Unter Form wird die Menge an äquivalenten Kristallflächen verstanden. Es wird zwischen geschlossenen und offenen Formen unterschieden. Bei den offenen Formen sind mehrere verschiedene oder gleichartige Formen in unterschiedlicher Lage im Raum notwendig, um geschlossene Körper zu bilden. Dies ist bei allen triklinen und monoklinen Kristallen der Fall. Kristalle dieser Klassen bestehen aus Kombinationen von Prismen, Domen, Sphenoiden, Pinakoiden oder Pedien.
Bei (di-)tetragonalen, (di-)hexagonalen, (di-)trigonalen und rhombischen Pyramiden kann im einfachsten Fall ein Pedion als Grundfläche dienen, um die Körper zu schließen.
Geschlossene Formen sind z.B. Dipyramiden, Trapezoeder, Skalenoeder, Rhomboeder, Tetraeder, Dodekaeder, Oktaeder und Hexaeder.
Alle pyramidalen Formen können mit Prismen desselben Querschnittaufbaus kombiniert werden, dies führt zu Kristallformen mit unterschiedlichem Habitus. Unter Habitus versteht man die relativ unterschiedliche Größe nicht äquivalenter Flächen an einem Kristall. So sind als wichtigste Typen tafelige (plattige), isometrische und nadelige (lang gestreckte) Kristalle bekannt. Auch Prismen können mit einem Pinakoid kombiniert als säulige oder plattige Kristalle auftreten. Diese Erscheinungsform ist z.B. für Turmaline und Apatitkristalle typisch.

Aufstellung der Kristalle im Raum (im Koordinatensystem)

Für die Bestimmung des Kristallsystems eines Kristalls ist die Feststellung aller erkennbaren Symmetrieelemente von Bedeutung. Die Unterscheidung zwischen Flächen oder Flächenkombinationen allgemeiner und spezieller Lage stellen eine wichtige Voraussetzung für die Festlegung der Kristallklasse dar. In der allgemeinen Lage der aus den erzeugenden Symmetrieelementen gebildeten Kristallformen nehmen Kristallflächen eine beliebige Stellung zu den Kristallachsen ein (Stellung III in Abb. 23). In der speziellen Lage hingegen schneiden die Kristallachsen z.B. a_1 oder a_2 die betreffende Fläche nicht (bzw. erst im Unendlichen) oder aber diese Kristallachsen senkrecht der c-Achse werden von der betreffenden Fläche in gleichen Achsenabschnitten geschnitten. Die Folge ist eine Symmetrieerhöhung durch zusätzliche Symmetrieelemente, z.B. zweizählige Drehachsen parallel zu den Kristallachsen bzw. deren Winkelhalbierenden.
Am konkreten Beispiel der tetragonalen Dipyramide (Abb. 23) ist ersichtlich, daß in spezieller Flächenlage aus den erzeugenden Symmetrieelementen der vierzähligen Drehachse und der senkrecht dazu angeordneten Spiegelebene weitere Symmetrieelemente resultieren. Dies ist für die Eigensymmetrie dieser Flächenform dann der Fall, wenn die Kristallachsen a_1 und a_2 an den Ecken (Stellung II) oder den Kantenmitten (Stellung I) der tetragonalen Dipyramide in Höhe der Spiegelebenenfläche senkrecht c ausstoßen. Besonders deutlich zu erkennen ist dies in den Kopfschnitten, d.h. den Schnittlagen senkrecht der c-Achse und damit senkrecht der Blickrichtung parallel der c-Achse. In dieser speziellen Aufstellung liegen bei der tetragonalen Dipyramide zusätzlich 2 Sätze zweizähliger Drehachsen und 2 Sätze nicht äquivalenter Spiegelebenen vor, so daß hier die Gesamtsymmetrie auf 4/m 2/m 2/m erhöht wird.
Die Namen der Kristallklassen leiten sich stets von der allgemeinen Form ab. Deshalb sind auch die allgemeinen Formen als Grundlagen für die Modellbaureihe gewählt worden.

Unterscheidung zwischen allgemeiner und spezieller Lage [4]

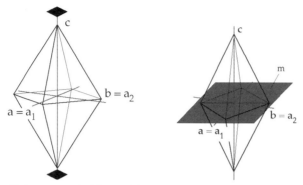

hkl

$\dfrac{4}{m}$

Abb. 23a): tetragonale Dipyramide, Kristallklasse 4/m (Stellung III)

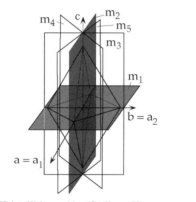

hhl

$\dfrac{4}{m}\dfrac{2}{m}\dfrac{2}{m}$

Abb. 23b): tetragonale Dipyramide, Kristallklasse 4/m (Stellung II)

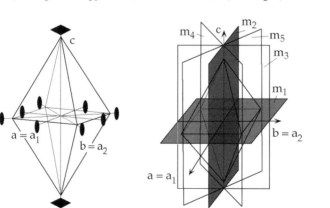

h0l

$\dfrac{4}{m}\dfrac{2}{m}\dfrac{2}{m}$

Abb. 23c): tetragonale Dipyramide, Kristallklasse 4/m (Stellung I)

---

[4] Eine Liste mit weiterführender Literatur befindet sich im Anhang.

Einführung in die Kristallographie

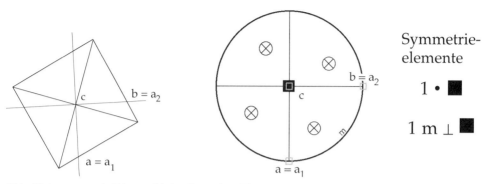

Abb. 23a): tetragonale Dipyramide in <u>allgemeiner</u> Flächenlage, Kopfbild und Stereogramm

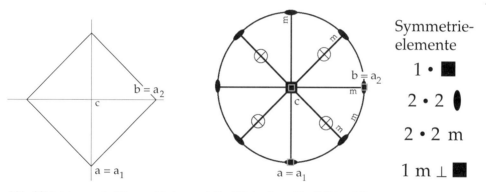

Abb. 23b): tetragonale Dipyramide in <u>spezieller</u> Flächenlage, Kopfbild und Stereogramm

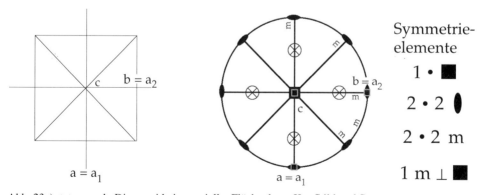

Abb. 23c): tetragonale Dipyramide in <u>spezieller</u> Flächenlage, Kopfbild und Stereogramm

Hinweis:

Bei trigonalen Dipyramiden ergibt sich die zusätzliche Schwierigkeit, daß sie nicht nur in verschiedene Kristallklassen, sondern sowohl in das trigonale als auch in das hexagonale Kristallsystem eingeordnet werden können. Je nach Aufstellung ist die Zuordnung zu den Kristallklassen 32 (in der Stellung II [= {hh2hl}]), $\bar{6}$ (in den Stellungen II [= {hh2hl}] und III [= {hkil}]) und zu $\bar{6}$m2 (in der Stellung I [= {h0hl}]) möglich[5].

Enantiomorphie

Enantiomorphe Kristalle verhalten sich spiegelbildlich zueinander, wie die rechte Hand zur linken. Der Begriff ist dem griechischen entlehnt und besteht aus "enantios" = entgegengesetzt und aus "morphe" = Form, Gestalt. Enantiomorphe Kristalle bilden spiegelbildliche Paare.

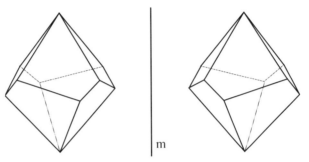

Abb. 24: enantiomorphe Kristalle

Die beiden abgebildeten tetragonal trapezoedrischen Kristalle (422) in Abb. 24 sind nur durch eine Spiegelung an der eingezeichneten Spiegelebene "m" ineinander überführbar. Ein weiteres bekanntes Beispiel für Enantiomorphie sind die Trapezoederflächen bei Rechts- und Links-Formen des Tiefquarzes (Abb. 25).

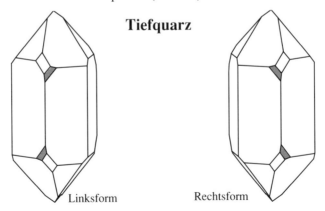

Abb. 25: enantiomorphe Trapezoederflächen (grau) bei Links- und Rechtsformen des Tiefquarzes

---

[5] Zur Erklärung von der Millerschen Indizes hkl z.B. siehe Borchardt-Ott, Kristallographie.

Einführung in den Modellbau

Informationen über die Art der Darstellungen im weiteren Verlauf des Buches

Die Kristalle werden als "Drahtmodelle" abgebildet, d.h. es werden nur die Kanten der Flächen dargestellt. Die eigentlich verdeckten hinteren Kanten werden dabei grau dargestellt; die Flächen werden nicht indiziert.

Kristallographische Achsen werden mit ihren Bezeichnungen nur in der ersten Abbildung der jeweiligen Kristallklasse angegeben, da eine zu große Fülle an Elementen in den anderen Darstellungen schnell zu Verwirrungen führen könnte.

Bei den Abbildungen der stereographischen Projektion werden die Flächen unterhalb des Äquatorkreises definitionsgemäß als leere Kreise, die Flächen oberhalb des Äquatorkreises als liegende Kreuze dargestellt.
Die Linien der stereographischen Projektion sind nur als Hilfslinien gedacht und dünner gezeichnet; wenn sie mit Spiegelebenen zusammenfallen sind sie fett hervorgehoben.
Drehachsen und Drehinversionsachsen sind mit ihren Symbolen gekennzeichnet.

Drehachsen und Drehinversionsachsen werden in den 3-dimensionalen Kristallabbildungen mit einer Linie und dem Symbol ihrer Zähligkeit an dessen Ende gekennzeichnet.
Das Inversionszentrum ist in den Abbildungen ein Kreis mit der Kennzeichnung $\bar{1}$.
Polare Achsen, d.h. Achsen, die den Kristall an zwei unterschiedlich geformten Enden verlassen (z.B. bei Pyramiden) sind mit dem Buchstaben "p" bezeichnet.

Spiegelebenen werden als unterschiedlich intensiv grau gefärbte Flächen dargestellt.

Der Übersichtlichkeit halber werden nicht immer alle Symmetrieelemente, die in einem Kristall vorhanden sind, in einer einzigen Abbildung dargestellt. Z.T. werden deshalb mehrere Bilder mit Drehachsen und Spiegelebenen nebeneinandergestellt. Trotzdem sind alle Symmetrieelemente in einem Kristall dieser Klasse gleichzeitig enthalten.

Bei triklinen und monoklinen Kristallen sind Kombinationen mehrerer verschiedener Formen notwendig, um einen geschlossenen Körper zu bilden.
Bei tetragonalen, hexagonalen und trigonalen Pyramiden ist zusätzlich ein Pedion als Grundfläche erforderlich.

Jedem Modell ist zur Erklärung ein Beispiel mit Stereogramm, in das die Achsen mit Symmetrieelementen eingezeichnet sind, beigefügt.

Systematik der Tabellen im weiteren Verlauf des Buches

Die Tabellen mit häufigen Mineralen, die in der angegebenen Kristallklasse kristallisieren, sind nach dem Chemismus geordnet. Die Gliederung erfolgt zunächst nach Elementen; Sulfiden und Sulfosalzen, Seleniden, Telluriden, Arseniden, Antimoniden, Bismutiden und Phosphiden; Halogeniden; Oxiden und Hydroxiden; Karbonaten, Nitraten und Boraten; Sulfaten, Chromaten, Molybdaten und Wolframaten; Phosphaten, Arsenaten und Vanadaten sowie Silikaten und organischen Kristallen. Die Silikate sind in Insel-, Gruppen-, Ring-, Ketten-, Schicht- und Gerüstsilikate untergliedert.
Damit konnte eine große Vielfalt von Mineralen aufgenommen werden. Die Aufzählung kann jedoch nicht vollständig sein.

Die Tabelle der Symmetrieelemente ist nach der Zähligkeit der Drehachsen abgestuft. Danach folgen das Inversionszentrum und Spiegelebenen. Zusätzlich wurde eine Angabe über das Vorhandensein von enantiomorphen Kristallen gegeben.
Es sind zu jedem vorhandenen Symmetrieelement seine Anzahl und Lage im Kristall angegeben.

Als wichtige Anmerkung zu den Tabellen 4 - 67 ist hinzuzufügen, daß die aufgeführten Minerale aufgrund ihrer Kristallstruktur, der dreidimensionalen Anordnung der Atome und Ionen im Raumgitter, in die jeweiligen Kristallklassen eingeordnet sind.
Die makroskopisch erkennbare äußere Form eines Kristalls, die Kristallmorphologie, mag als spezielle Form durchaus verschieden von der allgemeinen Form sein, die aus der Kristallstruktur abgeleitet werden muß. So kann z.B. Pyrit, der in der disdodekaedrischen Kristallklasse aufgeführt ist, in der Natur als Würfel, Oktaeder und/oder Pentagondodekaeder vorkommen. Ein wichtiger Punkt dabei ist, daß die allgemeine Form mit der höchsten Flächenzahl für jede Kristallklasse eindeutig und charakteristisch ist. Deshalb wurden für die Modelle diese Formen gewählt. Das Rhombendodekaeder kommt z.B. als spezielle Flächenform in allen 5 kubischen Kristallklassen vor.

Symbolik der Modellbaubögen

Alle Faltlinien sind durch feine durchgezogene schwarze Linien markiert. Für Spiegelebenen wurden in der Regel fette Linien verwendet. Fallen Spiegelebenen und Schnitt- oder Faltkanten zusammen, sind sie fein gezeichnet, aber zusätzlich mit einem "m" markiert.
Die Klebelaschen sind als grau unterlegte Flächen abgebildet.

Für die Modelle wurden stets allgemeine Flächenlagen ausgewählt, da sich davon auch die Namen der Kristallklassen ableiten. Wenn sich bei der Aufstellung mit speziellen Flächenlagen höhere Symmetrien ergeben (z.B. tetragonale Dipyramide), wurden die Austrittstellen der kristallographischen Achsen zusätzlich eingezeichnet. Dies gilt für 7 Kristallklassen der wirteligen Kristallsysteme (trigonal, hexagonal und tetragonal) und zwar für 3, $\bar{3}$, 4, 4/m, 6, $\bar{6}$ und 6/m. Im allgemeinen wurde sonst auf das Einzeichnen der Achsen verzichtet.

Zur Kennzeichnung der Symmetrie wurden die üblichen Symbole verwendet, wie sie auch in den Abbildungen und Tabellen gebraucht werden.
Das Symbol nach Hermann-Mauguin, die Bezeichnung der Form und die Nummer des Modells im Buch sind bei jedem Modell auf einer Fläche abgedruckt.

Einführung in die Kristallographie

Hinweise zum Aufbau der Modelle

Es ist sinnvoll, mit dem Aufbau niedrigsymmetrischer Modelle anzufangen, da bei den kubischen Kristallen eine sehr große Flächenzahl vorhanden ist, die z.T. eine komplizierte Anordnung auf der Vorlage notwendig macht. Das bedeutet auch, daß sich der Aufbau komplizierter gestaltet, da z.T. auch nur sehr kleine Klebelaschen vorhanden sind.

Zuerst müssen alle Außenkanten der Flächen und Klebelaschen sorgfältig ausgeschnitten werden. Die Klebelaschen sind grau schattiert.
Grundsätzlich sind alle fein gezeichneten durchgehenden Linien zu falten, die fetten Linien nicht. Um das Falten der Knicke zu erleichtern und einen einfacheren Aufbau sowie eine bessere Ausbildung der Form zu erhalten, sollten die Knicklinien mit einem scharfen Messer oder Grafikerskalpell mit Hilfe eines Lineals vorsichtig entlang der vorgezeichneten Linien angeritzt werden. **Vorsicht**: Nicht die Pappe durchschneiden!
Als Nächstes sind alle Faltlinien vorzuknicken.

Um die Modelle stabil und strapazierfähig zu gestalten, wurde für die Modellbaubögen sehr festes Papier gewählt. Dies macht es jedoch notwendig, besonders sorgfältig zu arbeiten. Die Knickkanten von Kristall- und Klebeflächen müssen, um einen korrekten Aufbau zu ermöglichen, sehr exakt gefaltet werden. Die Anfertigung mag dadurch etwas größere Anstrengungen erfordern, wird aber mit Sicherheit im Endergebnis belohnt.

Vor dem Zusammenbau ist es sinnvoll, sich über die Form des fertigen Kristallmodells klar zu werden. Als Hilfe ist die kleine Skizze auf der Modellbauseite gedacht.
Das Zusammenkleben funktioniert am besten, wenn man immer nur so viele Laschen mit Kleber einstreicht, wie gerade eben benötigt werden, um eine weitere Seite des Modells vollständig festzukleben. Es empfiehlt sich, den Klebstoff wenige Sekunden antrocknen zu lassen, bevor man die Flächen und die Laschen zusammenpreßt. Als Klebstoff eignen sich nicht tropfende Papierkleber; Klebestifte sind nicht zu empfehlen, da sie keine ausreichende Stabilität der Klebestellen ergeben und nach einiger Zeit austrocknen. Dies führt dazu, daß sich die Klebestellen lösen.

Die Modelle sind im allgemeinen so konstruiert, daß eine Seite ohne Klebelaschen auskommt. Diese kann dann als letzte Fläche flach auf die mit Klebstoff bestrichenen Laschen der bereits befestigten Seiten aufgelegt und angedrückt werden. Das erleichtert den endgültigen Zusammenbau erheblich.

Kristallsystem: kubisch Kristallklasse: hexakisoktaedrisch

Symbol nach Hermann-Mauguin: $\frac{4}{m}\bar{3}\frac{2}{m}$ Kurzschreibweise: $m\bar{3}m$ Schönflies: O_h

Tabelle 4: Häufige Minerale dieser Kristallklasse

Mineralgruppe	Mineralname	Chemismus
Elemente	Kupfer, Gold, Eisen, Diamant, Blei, Silber	$Cu, Au, \alpha\text{-}Fe,$ $\beta\text{-}C, Pb, Ag$
Sulfide und Sulfosalze [a]	Galenit (Bleiglanz)	PbS
Halogenide	Fluorit, Halit (Steinsalz)	CaF_2, NaCl
Oxide und Hydroxide	Spinelle Eis (unterhalb $-80\,°C$)	$(Mg, Fe^{2+})(Cr, Al, Fe^{3+})_2O_4$ H_2O
Karbonate, Nitrate, Borate		
Sulfate [b]		
Phosphate [c]	Berzeliit	$(Ca,Na)_3(Mg,Mn)_2[AsO_4]_3$
Silikate		
- Insel-(Neso-)silikate	Granate	$(Ca,Mg,Fe^{2+},Mn)_3(Al,Fe^{3+},Cr)_2[SiO_4]_3$
- Gruppen-(Soro-)silikate	Hoch-Leucit ($> 605\,°C$)	$KAlSi_2O_6$
- Ring-(Cyclo-)silikate		
- Ketten-/Band-(Ino-)silikate		
- Schicht-(Phyllo-)silikate		
- Gerüst-(Tekto-)silikate	Faujasit	$Na_{20}Ca_{12}Mg_8[Al_5Si_{11}O_{32}]_2 \cdot 16\,H_2O$
organogene Kristalle		

[a] Sulfide und Sulfosalze, Selenide, Telluride, Arsenide, Antimonide, Bismutide, Phosphide
[b] Sulfate, Chromate, Molybdate, Wolframate
[c] Phosphate, Arsenate, Vanadate

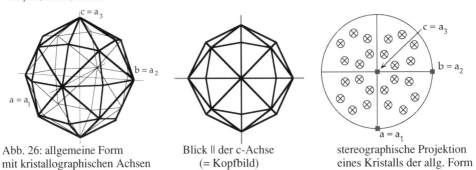

Abb. 26: allgemeine Form mit kristallographischen Achsen   Blick ∥ der c-Achse (= Kopfbild)   stereographische Projektion eines Kristalls der allg. Form

Tabelle 5: Symmetrieelemente

Symmetrieelement	Symbol	Anzahl	Lage im Kristall
4-zählige Drehachsen	■	3	∥ zu den a_1-, a_2- und a_3-Achsen
3-zählige Drehinversionsachsen	▲	4	∥ zu den Raumdiagonalen des Würfels
2-zählige Drehachsen	●	6	∥ zu den Flächendiagonalen des Würfels
Inversionszentrum	$\bar{1}$	1	Kristallzentrum
Spiegelebenen	m	3/6	⊥ der a_1-, a_2- und a_3-Achsen / ⊥ der Flächendiagonalen des Würfels
Enantiomorphie	nicht vorhanden		

Abbildung der Symmetrieelemente am Kristallmodell

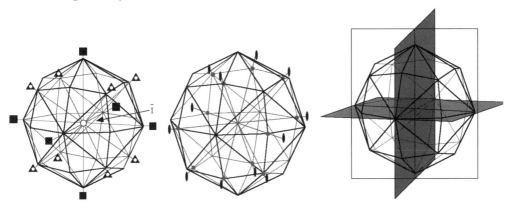

Abb. 27: Darstellung der Dreh- und Drehinversionsachsen, des Inversionszentrums sowie eines Teils der Spiegelebenen; die Achsenausstichpunkte sind markiert.

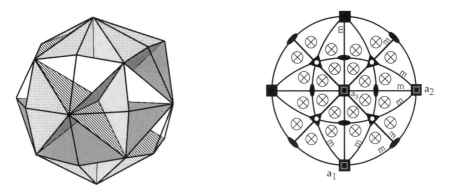

Abb. 28: Darstellung des Kristallmodells mit Spiegelebenen ⊥ zu den Flächendiagonalen des Würfels und Stereogramm

Kristallsystem: kubisch Kristallklasse: pentagonikositetraedrisch

Symbol nach Hermann-Mauguin: 432 Kurzschreibweise: 432 Schönflies: O

Tabelle 6: Häufige Minerale dieser Kristallklasse

Mineralgruppe	Mineralname	Chemismus
Elemente		
Sulfide und Sulfosalze [a]		
Halogenide		
Oxide und Hydroxide		
Karbonate, Nitrate, Borate	Kaliumpräsodymnitrat	$K_3Pr_2(NO_3)_9$
Sulfate [b]		
Phosphate [c]		
Silikate		
- Insel-(Neso-)silikate		
- Gruppen-(Soro-)silikate		
- Ring-(Cyclo-)silikate		
- Ketten-/Band-(Ino-)silikate		
- Schicht-(Phyllo-)silikate		
- Gerüst-(Tekto-)silikate		
organogene Kristalle		

[a] Sulfide und Sulfosalze, Selenide, Telluride, Arsenide, Antimonide, Bismutide, Phosphide
[b] Sulfate, Chromate, Molybdate, Wolframate
[c] Phosphate, Arsenate, Vanadate

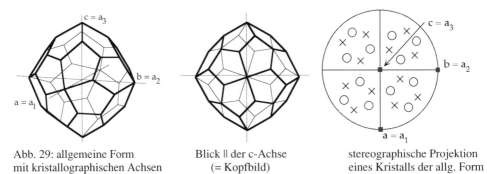

Abb. 29: allgemeine Form mit kristallographischen Achsen Blick ∥ der c-Achse (= Kopfbild) stereographische Projektion eines Kristalls der allg. Form

Tabelle 7: Symmetrieelemente

Symmetrieelement	Symbol	Anzahl	Lage im Kristall
4-zählige Drehachsen	■	3	∥ zu den a_1-, a_2- und a_3-Achsen
3-zählige Drehachsen	▲	4	∥ zu den Raumdiagonalen des Würfels
2-zählige Drehachsen	●	6	∥ zu den Flächendiagonalen des Würfels
Enantiomorphie	vorhanden		

Abbildung der Symmetrieelemente am Kristallmodell

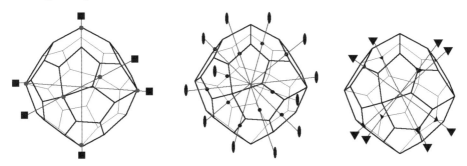

Abb. 30: Darstellung der Drehachsen, die Achsenausstichpunkte sind markiert.

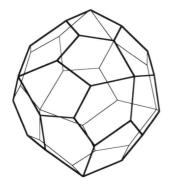 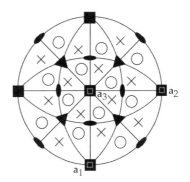

Abb. 31: Kristallmodell mit Stereogramm

Kristallsystem: kubisch   Kristallklasse: disdodekaedrisch

Symbol nach Hermann-Mauguin: $\frac{2}{m}\bar{3}$ Kurzschreibweise: $m\bar{3}$ Schönflies: T_h

Tabelle 8: Häufige Minerale dieser Kristallklasse

Mineralgruppe	Mineralname	Chemismus
Elemente		
Sulfide und Sulfosalze [a]	Pyrit, Skutterudit (= Smaltin = Speißkobalt)	FeS_2, $(Co,Ni)As_3$
Halogenide		
Oxide und Hydroxide		
Karbonate, Nitrate, Borate		
Sulfate [b]	Kalialaun	$KAl(SO_4)_2 \cdot 12\,H_2O$
Phosphate [c]		
Silikate		
- Insel-(Neso-)silikate		
- Gruppen-(Soro-)silikate		
- Ring-(Cyclo-)silikate		
- Ketten-/Band-(Ino-)silikate		
- Schicht-(Phyllo-)silikate		
- Gerüst-(Tekto-)silikate		
organogene Kristalle		

[a] Sulfide und Sulfosalze, Selenide, Telluride, Arsenide, Antimonide, Bismutide, Phosphide
[b] Sulfate, Chromate, Molybdate, Wolframate
[c] Phosphate, Arsenate, Vanadate

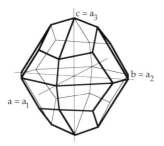 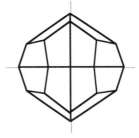 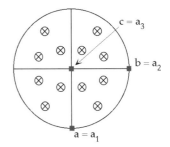

Abb. 32: allgemeine Form mit kristallographischen Achsen   Blick ∥ der c-Achse (= Kopfbild)   stereographische Projektion eines Kristalls der allg. Form

Tabelle 9: Symmetrieelemente

Symmetrieelement	Symbol	Anzahl	Lage im Kristall
3-zählige Drehinversionsachsen	△	4	∥ zu den Raumdiagonalen des Würfels
2-zählige Drehachsen	●	3	∥ zu den a_1-, a_2- und a_3-Achsen
Inversionszentrum	$\bar{1}$	1	Kristallzentrum
Spiegelebenen	m	3	⊥ der a_1-, a_2- und a_3-Achsen
Enantiomorphie	nicht vorhanden		

Abbildung der Symmetrieelemente am Kristallmodell

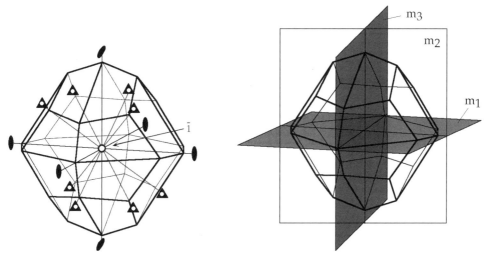

Abb. 33: Darstellung der Drehachsen, des Inversionszentrums und der Spiegelebenen

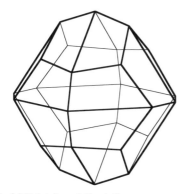
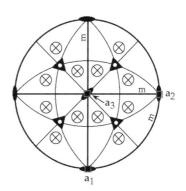

Abb. 34 Kristallmodell mit Stereogramm

Kristallsystem: kubisch   Kristallklasse: hexakistetraedrisch

Symbol nach Hermann-Mauguin: $\bar{4}3m$ Kurzschreibweise: $\bar{4}3m$ Schönflies: T_d

Tabelle 10: Häufige Minerale dieser Kristallklasse

Mineralgruppe	Mineralname	Chemismus
Elemente	Kohlenstoff	β-C
Sulfide und Sulfosalze [a]	Sphalerit (Zinkblende) Metacinnabarit	α-ZnS, α-HgS
Halogenide	einwertige Kupferhalogenide	CuCl, CuBr, CuJ
Oxide und Hydroxide	Mayenit	$12\,CaO \cdot 7\,Al_2O_3$
Karbonate, Nitrate, Borate	Boracit	$Mg_3[ClB_7O_{13}]$
Sulfate [b]	D´Ansit	$Na_{21}Mg[Cl_3(SO_4)_{10}]$
Phosphate [c]	Pharmakosiderit	$KFe^{3+}_4[(OH)_4(AsO_4)_3] \cdot 7\,H_2O$
Silikate		
- Insel-(Neso-)silikate		
- Gruppen-(Soro-)silikate		
- Ring-(Cyclo-)silikate		
- Ketten-/Band-(Ino-)silikate		
- Schicht-(Phyllo-)silikate		
- Gerüst-(Tekto-)silikate	Sodalith-Gruppe	$Na_8[Cl_2(AlSiO_4)_6]$ bis $Na_8[SO_4(AlSiO_4)_6]$
organogene Kristalle		

[a] Sulfide und Sulfosalze, Selenide, Telluride, Arsenide, Antimonide, Bismutide, Phosphide
[b] Sulfate, Chromate, Molybdate, Wolframate
[c] Phosphate, Arsenate, Vanadate

Abb. 35: allgemeine Form   Blick ∥ der c-Achse   stereographische Projektion
mit kristallographischen Achsen   (= Kopfbild)   eines Kristalls der allg. Form

Tabelle 11: Symmetrieelemente

Symmetrieelement	Symbol	Anzahl	Lage im Kristall
4-zählige Drehinversionsachsen	◱	3	∥ zu den a_1-, a_2- und a_3-Achsen
3-zählige Drehachsen	▲	4 p	∥ zu den Raumdiagonalen des Würfels
Spiegelebenen	m	6	⊥ der Flächendiagonalen des Würfels
Enantiomorphie	nicht vorhanden		

p = polar

Abbildung der Symmetrieelemente am Kristallmodell

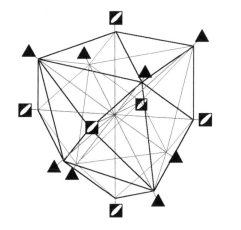
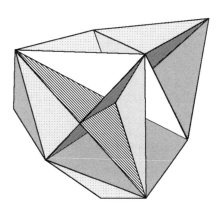

Abb. 36: Darstellung der Drehachsen und Spiegelebenen

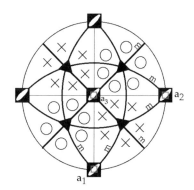

Abb. 37: Kristallmodell mit Stereogramm

Kristallsystem: kubisch   Kristallklasse: tetraedrisch pentagondodekaedrisch

Symbol nach Hermann-Mauguin: 23   Kurzschreibweise: 23   Schönflies: T

Tabelle 12: Häufige Minerale dieser Kristallklasse

Mineralgruppe	Mineralname	Chemismus
Elemente		
Sulfide und Sulfosalze [a]	Gersdorffit	NiAsS
Halogenide		
Oxide und Hydroxide		
Karbonate, Nitrate, Borate		
Sulfate [b]	Langbeinit	$K_2Mg_2(SO_4)_3$
Phosphate [c]		
Silikate		
- Insel-(Neso-)silikate		
- Gruppen-(Soro-)silikate		
- Ring-(Cyclo-)silikate		
- Ketten-/Band-(Ino-)silikate		
- Schicht-(Phyllo-)silikate		
- Gerüst-(Tekto-)silikate		
organogene Kristalle		

[a] Sulfide und Sulfosalze, Selenide, Telluride, Arsenide, Antimonide, Bismutide, Phosphide
[b] Sulfate, Chromate, Molybdate, Wolframate
[c] Phosphate, Arsenate, Vanadate

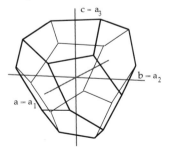
Abb. 38: allgemeine Form mit kristallographischen Achsen

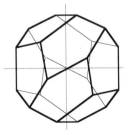
Blick ∥ der c-Achse (= Kopfbild)

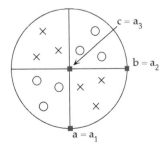
stereographische Projektion eines Kristalls der allg. Form

Tabelle 13: Symmetrieelemente

Symmetrieelement	Symbol	Anzahl	Lage im Kristall
3-zählige Drehachsen	▲	4 p	‖ zu den Raumdiagonalen des Würfels
2-zählige Drehachsen	●	3	‖ zu den a_1-, a_2- und a_3-Achsen
Enantiomorphie	vorhanden		

p = polar

Abbildung der Symmetrieelemente am Kristallmodell

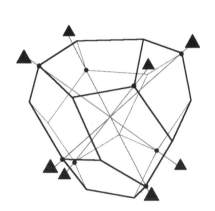 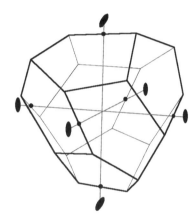

Abb. 39: Darstellung der Drehachsen. Die Punkte ● markieren die Achsenausstichpunkte.

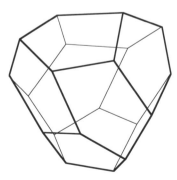 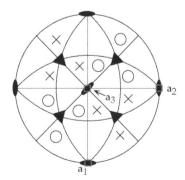

Abb. 40: Kristallmodell mit Stereogramm

Modell 6

Kristallsystem: tetragonal **Kristallklasse**: ditetragonal-dipyramidal

Symbol nach Hermann-Mauguin: $\frac{4}{m}\frac{2}{m}\frac{2}{m}$ Kurzschreibweise: $\frac{4}{m}mm$ Schönflies: D_{4h}

Tabelle 14: Häufige Minerale dieser Kristallklasse

Mineralgruppe	Mineralname	Chemismus
Elemente		
Sulfide und Sulfosalze [a]	Bartonit	$K_3Fe_{10}S_{14}$
Halogenide	Kalomel	$HgCl$
Oxide und Hydroxide	Anatas, Cassiterit, Stishovit, Mennige, Hausmannit	TiO_2, SnO_2, SiO_2, $Pb_2^{2+}Pb^{4+}O_4$, $Mn_2^{2+}Mn^{4+}O_4$
Karbonate, Nitrate, Borate	Bismutit	$Bi_2[O_2CO_3]$
Sulfate [b]		
Phosphate [c]	Torbernit (Ca-Uranglimmer)	$Ca[UO_2PO_4]_2 \cdot 8\,H_2O$
Silikate		
- Insel-(Neso-)silikate	Zirkon	$ZrSiO_4$
- Gruppen-(Soro-)silikate	Vesuvian	$Ca_{10}(Mg,Fe)_2Al_4[(OH)_4(SiO_4)_5(Si_2O_7)_2]$
- Ring-(Cyclo-)silikate		
- Ketten-/Band-(Ino-)silikate		
- Schicht-(Phyllo-)silikate	Apophyllit	$KCa_4[F(Si_4O_{10})_2] \cdot 8\,H_2O$
- Gerüst-(Tekto-)silikate		
organogene Kristalle		

[a] Sulfide und Sulfosalze, Selenide, Telluride, Arsenide, Antimonide, Bismutide, Phosphide
[b] Sulfate, Chromate, Molybdate, Wolframate
[c] Phosphate, Arsenate, Vanadate

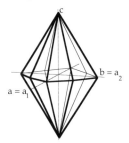 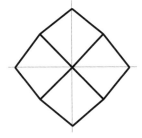 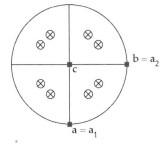

Abb. 41: allgemeine Form mit kristallographischen Achsen   Blick ∥ der c-Achse (= Kopfbild)   stereographische Projektion eines Kristalls der allg. Form

Tabelle 15: Symmetrieelemente

Symmetrieelement	Symbol	Anzahl	Lage im Kristall
4-zählige Drehachsen	■	1	∥ zur c-Achse
2-zählige Drehachsen	●	2 / 2	∥ zu den a_1- und a_2-Achsen und ∥ zu deren Winkelhalbierenden
Inversionszentrum	$\bar{1}$	1	Kristallzentrum
Spiegelebenen	m	1 / 2 / 2	⊥ zur c-Achse/ ⊥ zu den a_1- und a_2-Achsen/ ⊥ zu deren Winkelhalbierenden
Enantiomorphie	nicht vorhanden		

Abbildung der Symmetrieelemente am Kristallmodell

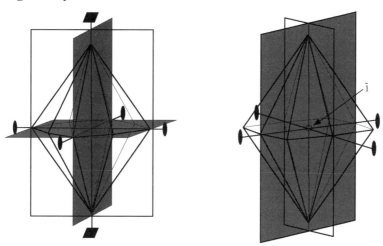

Abb. 42: Darstellung der Drehachsen, der dazu senkrechten Spiegelebenen und des Inversionszentrums

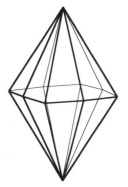
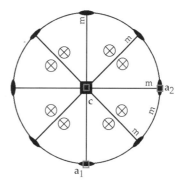

Abb. 43: Kristallmodell mit Stereogramm

Modell 7

Kristallsystem: tetragonal   Kristallklasse: tetragonal-trapezoedrisch

Symbol nach Hermann-Mauguin: 422   Kurzschreibweise: 422   Schönflies: D_4

Tabelle 16: Häufige Minerale dieser Kristallklasse

Mineralgruppe	Mineralname	Chemismus
Elemente		
Sulfide und Sulfosalze [a]	Uytenbogaardtit, Maucherit	Ag_3AuS_2, $Ni_{11}As_8$
Halogenide		
Oxide und Hydroxide	Tief-Cristobalit	SiO_2
Karbonate, Nitrate, Borate	Phosgenit (Chlorbleierz)	$Pb_2Cl_2CO_3$
Sulfate [b]	Retgersit	$\alpha\text{-}NiSO_4 \cdot 6\,H_2O$
Phosphate [c]	Wardit	$NaAl_3(OH)_4(PO_4)_2 \cdot 2\,H_2O$
Silikate		
- Insel-(Neso-)silikate		
- Gruppen-(Soro-)silikate		
- Ring-(Cyclo-)silikate		
- Ketten-/Band-(Ino-)silikate		
- Schicht-(Phyllo-)silikate		
- Gerüst-(Tekto-)silikate		
organogene Kristalle	Mellit (Honigstein)	$Al_2C_{12}O_{12} \cdot 16\,H_2O$

[a] Sulfide und Sulfosalze, Selenide, Telluride, Arsenide, Antimonide, Bismutide, Phosphide
[b] Sulfate, Chromate, Molybdate, Wolframate
[c] Phosphate, Arsenate, Vanadate

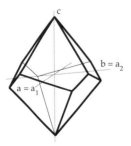
Abb. 44: allgemeine Form mit kristallographischen Achsen

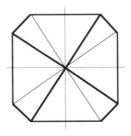
Blick ∥ der c-Achse (= Kopfbild)

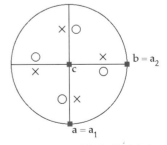
stereographische Projektion eines Kristalls der allg. Form

Tabelle 17: Symmetrieelemente

Symmetrieelement	Symbol	Anzahl	Lage im Kristall
4-zählige Drehachsen	■	1	∥ zur c-Achse
2-zählige Drehachsen	●	2 / 2	∥ zu den a_1- und a_2-Achsen und ∥ zu deren Winkelhalbierenden
Enantiomorphie	vorhanden		

Abbildung der Symmetrieelemente am Kristallmodell

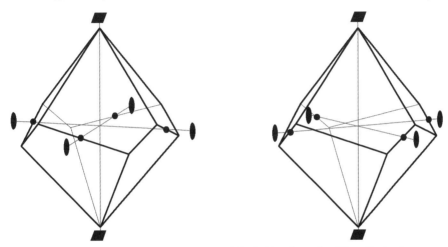

Abb. 45: Darstellung der 4-zähligen Drehachse und der beiden Sätze 2-zähliger Drehachsen
Die Punkte ● markieren die Achsenausstichpunkte.

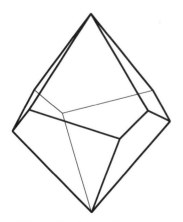
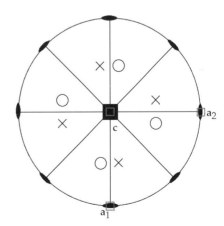

Abb. 46: Kristallmodell mit Stereogramm

Kristallsystem: tetragonal   Kristallklasse: tetragonal-dipyramidal

Symbol nach Hermann-Mauguin: $\frac{4}{m}$ Kurzschreibweise: $\frac{4}{m}$ Schönflies: C_{4h}

Tabelle 18: Häufige Minerale dieser Kristallklasse

Mineralgruppe	Mineralname	Chemismus
Elemente		
Sulfide und Sulfosalze [a]		
Halogenide		
Oxide und Hydroxide	Kryptomelan	$K_{<2}(Mn^{4+}Mn^{2+})_8O_{16}$
Karbonate, Nitrate, Borate		
Sulfate [b]	Scheelit, Powellit	$CaWO_4$, $CaMoO_4$
Phosphate [c]		
Silikate		
- Insel-(Neso-)silikate		
- Gruppen-(Soro-)silikate		
- Ring-(Cyclo-)silikate	Baotit	$Ba_4(Ti,Nb)_8[ClO_{16}Si_4O_{12}]$
- Ketten-/Band-(Ino-)silikate		
- Schicht-(Phyllo-)silikate		
- Gerüst-(Tekto-)silikate	Tief-Leucit (< 605 °C)	$K[AlSi_2O_6]$
organogene Kristalle	Weddellit	$CaC_2O_4 \cdot 2\,H_2O$

[a] Sulfide und Sulfosalze, Selenide, Telluride, Arsenide, Antimonide, Bismutide, Phosphide
[b] Sulfate, Chromate, Molybdate, Wolframate
[c] Phosphate, Arsenate, Vanadate

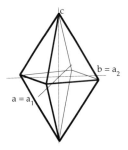 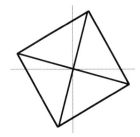 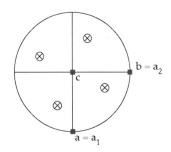

Abb. 47: allgemeine Form mit kristallographischen Achsen   Blick ∥ der c-Achse (= Kopfbild)   stereographische Projektion eines Kristalls der allg. Form

Tabelle 19: Symmetrieelemente

Symmetrieelement	Symbol	Anzahl	Lage im Kristall
4-zählige Drehachsen	■	1	‖ zur c-Achse
Inversionszentrum	$\bar{1}$	1	Kristallzentrum
Spiegelebenen	m	1	⊥ zur c-Achse
Enantiomorphie	nicht vorhanden		

Abbildung der Symmetrieelemente am Kristallmodell

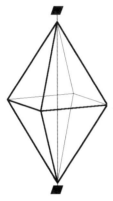
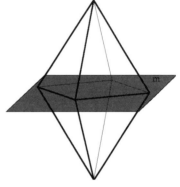

Abb. 48: Darstellung der Drehachse und der Spiegelebene

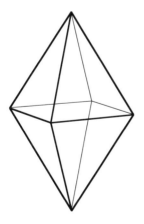
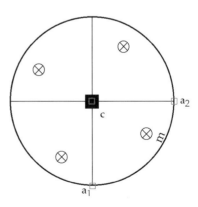

Abb. 49: Kristallmodell mit Stereogramm

Kristallsystem: tetragonal   Kristallklasse: tetragonal-skalenoedrisch

Symbol nach Hermann-Mauguin: $\bar{4}2m$ Kurzschreibweise: $\bar{4}2m$ Schönflies: D_{2d}

Tabelle 20: Häufige Minerale dieser Kristallklasse

Mineralgruppe	Mineralname	Chemismus
Elemente		
Sulfide und Sulfosalze [a]	Chalkopyrit (Kupferkies), Stannit (Zinnkies)	$CuFeS_2$, Cu_2FeSnS_4
Halogenide		
Oxide und Hydroxide		
Karbonate, Nitrate, Borate		
Sulfate [b]		
Phosphate [c]	Kaliumdihydrogenphosphat	KH_2PO_4
Silikate		
- Insel-(Neso-)silikate	Braunit	$Mn^{2+}Mn^{3+}_6[O_8SiO_4]$
- Gruppen-(Soro-)silikate	Melilith (u.a. Åkermanit)	$(\underline{Ca},Na)_2(Al,Mg)(Si,Al)_2O_7$
- Ring-(Cyclo-)silikate		
- Ketten-/Band-(Ino-)silikate		
- Schicht-(Phyllo-)silikate		
- Gerüst-(Tekto-)silikate		
organogene Kristalle	Harnstoff (Urea)	$CO(NH_2)_2$

[a] Sulfide und Sulfosalze, Selenide, Telluride, Arsenide, Antimonide, Bismutide, Phosphide
[b] Sulfate, Chromate, Molybdate, Wolframate
[c] Phosphate, Arsenate, Vanadate

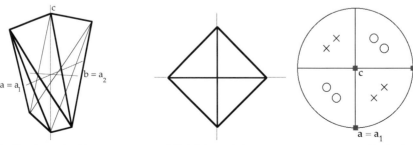

Abb. 50: allgemeine Form mit kristallographischen Achsen   Blick ∥ der c-Achse (= Kopfbild)   stereographische Projektion eines Kristalls der allg. Form

Tabelle 21: Symmetrieelemente

Symmetrieelement	Symbol	Anzahl	Lage im Kristall
4-zählige Drehinversionsachsen	◪	1	∥ zur c-Achse
2-zählige Drehachsen	●	2	∥ zu den a_1- und a_2-Achsen
Spiegelebenen	m	2	⊥ zu den Winkelhalbierenden der a_1- und a_2-Achsen
Enantiomorphie	nicht vorhanden		

Abbildung der Symmetrieelemente am Kristallmodell

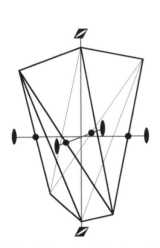 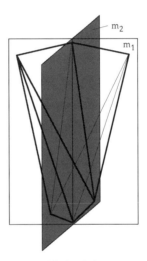

Abb. 51: Darstellung der Drehachsen (● = Achsenausstichpunkte)   und Spiegelebenen

 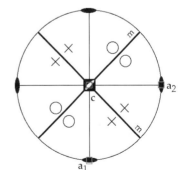

Abb. 52: Kristallmodell mit Stereogramm

Modell 10

Kristallsystem: tetragonal Kristallklasse: tetragonal-disphenoidisch

Symbol nach Hermann-Mauguin: $\bar{4}$ Kurzschreibweise: $\bar{4}$ Schönflies: S_4

Tabelle 22: Häufige Minerale dieser Kristallklasse

Mineralgruppe	Mineralname	Chemismus
Elemente		
Sulfide und Sulfosalze [a]	Rhabdit (Schreibersit)	$(Fe,Ni,Co)_3P$
Halogenide		
Oxide und Hydroxide		
Karbonate, Nitrate, Borate		
Sulfate [b]	Cahnit	$Ca_2[AsO_4B(OH)_4]$
Phosphate [c]		
Silikate		
- Insel-(Neso-)silikate		
- Gruppen-(Soro-)silikate		
- Ring-(Cyclo-)silikate		
- Ketten-/Band-(Ino-)silikate		
- Schicht-(Phyllo-)silikate		
- Gerüst-(Tekto-)silikate		
organogene Kristalle		

[a] Sulfide und Sulfosalze, Selenide, Telluride, Arsenide, Antimonide, Bismutide, Phosphide
[b] Sulfate, Chromate, Molybdate, Wolframate
[c] Phosphate, Arsenate, Vanadate

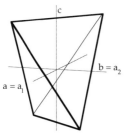

Abb. 53: allgemeine Form mit kristallographischen Achsen

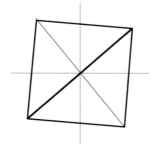

Blick ∥ der c-Achse (= Kopfbild)

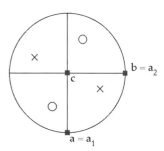

stereographische Projektion eines Kristalls der allg. Form

Modell 10

Tabelle 23: Symmetrieelemente

Symmetrieelement	Symbol	Anzahl	Lage im Kristall
4-zählige Drehinversionsachsen	◩	1	‖ zur c-Achse
Enantiomorphie	nicht vorhanden		

Abbildung der Symmetrieelemente am Kristallmodell

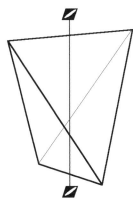

Abb. 54: 4-zählige Drehinversionsachse

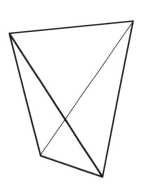
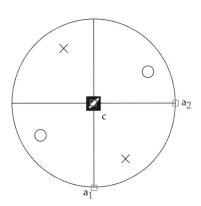

Abb. 55: Kristallmodell mit Stereogramm

Kristallsystem: tetragonal   Kristallklasse: ditetragonal-pyramidal

Symbol nach Hermann-Mauguin: 4mm   Kurzschreibweise: 4mm   Schönflies: C_{4v}

Tabelle 24: Häufige Minerale dieser Kristallklasse

Mineralgruppe	Mineralname	Chemismus
Elemente		
Sulfide und Sulfosalze [a]	Lenait, Routhierit	$AgFeS_2$, $(Tl,Cu,Ag)(Hg,Zn)(As,Sb)S_3$
Halogenide		
Oxide und Hydroxide	Diaboleit, Diomignit	$Pb_2[Cu(OH)_4Cl_2]$, $Li_2[B_4O_7]$
Karbonate, Nitrate, Borate		
Sulfate [b]		
Phosphate [c]		
Silikate		
- Insel-(Neso-)silikate		
- Gruppen-(Soro-)silikate		
- Ring-(Cyclo-)silikate		
- Ketten-/Band-(Ino-)silikate		
- Schicht-(Phyllo-)silikate		
- Gerüst-(Tekto-)silikate		
organogene Kristalle		

[a] Sulfide und Sulfosalze, Selenide, Telluride, Arsenide, Antimonide, Bismutide, Phosphide
[b] Sulfate, Chromate, Molybdate, Wolframate
[c] Phosphate, Arsenate, Vanadate

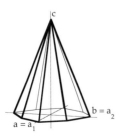  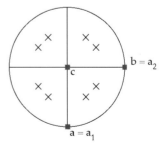

Abb. 56: allgemeine Form mit kristallographischen Achsen   Blick ∥ der c-Achse (= Kopfbild)   stereographische Projektion eines Kristalls der allg. Form

Tabelle 25: Symmetrieelemente

Symmetrieelement	Symbol	Anzahl	Lage im Kristall
4-zählige Drehachsen	■	1 p	‖ zur c-Achse
Spiegelebenen	m	2 / 2	⊥ zu den a_1- und a_2-Achsen/ ⊥ zu deren Winkelhalbierenden
Enantiomorphie	nicht vorhanden		

p = polar

Abbildung der Symmetrieelemente am Kristallmodell

Abb. 57: Darstellung der polaren Drehachse

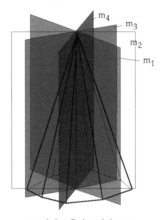

und der Spiegelebenen

Abb. 58: Kristallmodell mit Stereogramm

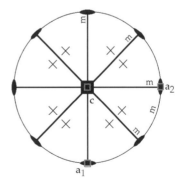

50　　　　　　　　　　　　　　　　Modell 12

Kristallsystem: tetragonal　　　　　　　　　　Kristallklasse: tetragonal-pyramidal

Symbol nach Hermann-Mauguin: 4　　　Kurzschreibweise: 4　　　Schönflies: C_4

Tabelle 26: Häufige Minerale dieser Kristallklasse

Mineralgruppe	Mineralname	Chemismus
Elemente		
Sulfide und Sulfosalze [a]		
Halogenide		
Oxide und Hydroxide		
Karbonate, Nitrate, Borate		
Sulfate [b]	Wulfenit (Gelbbleierz)	$Pb(MoO_4)$
Phosphate [c]		
Silikate		
- Insel-(Neso-)silikate		
- Gruppen-(Soro-)silikate		
- Ring-(Cyclo-)silikate		
- Ketten-/Band-(Ino-)silikate		
- Schicht-(Phyllo-)silikate		
- Gerüst-(Tekto-)silikate		
organogene Kristalle		

[a] Sulfide und Sulfosalze, Selenide, Telluride, Arsenide, Antimonide, Bismutide, Phosphide
[b] Sulfate, Chromate, Molybdate, Wolframate
[c] Phosphate, Arsenate, Vanadate

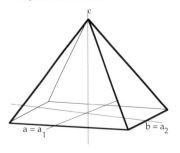 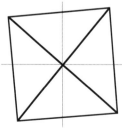 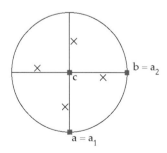

Abb. 59: allgemeine Form　　　　Blick ∥ der c-Achse　　　　stereographische Projektion
mit kristallographischen Achsen　　　(= Kopfbild)　　　　　　eines Kristalls der allg. Form

Modell 12

Tabelle 27: Symmetrieelemente

Symmetrieelement	Symbol	Anzahl	Lage im Kristall
4-zählige Drehachsen	■	1 p	‖ zur c-Achse
Enantiomorphie	vorhanden		

p = polar

Abbildung der Symmetrieelemente am Kristallmodell

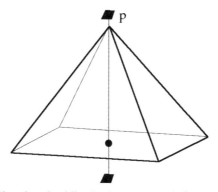

Abb. 60: polare 4-zählige Drehachse; ● = Achsenausstichpunkt

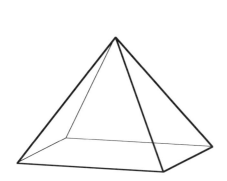
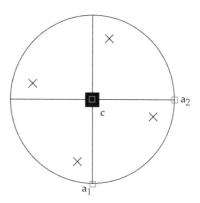

Abb. 61: Kristallmodell mit Stereogramm

Kristallsystem: hexagonal   Kristallklasse: dihexagonal-dipyramidal

Symbol nach Hermann-Mauguin: $\frac{6}{m}\frac{2}{m}\frac{2}{m}$ Kurzschreibweise: $\frac{6}{m}mm$ Schönflies: D_{6h}

Tabelle 28: Häufige Minerale dieser Kristallklasse

Mineralgruppe	Mineralname	Chemismus
Elemente	Graphit, Magnesium, Zink	α-C, Mg, Zn
Sulfide und Sulfosalze [a]	Pyrrhotin (Magnetkies), Molybdänit (Molybdänglanz)	$Fe_{1-x}S$, MoS_2
Halogenide		
Oxide und Hydroxide	Zinkit (Wurzit-Typ) β-Korund, Eis (0 °C bis -80 °C)	ZnO β-Al_2O_3, H_2O
Karbonate, Nitrate, Borate	Buttgenbachit	$Cu_{19}[Cl_4(OH)_{32}(NO_3)_2] \cdot 2\,H_2O$
Sulfate [b]		
Phosphate [c]		
Silikate		
- Insel-(Neso-)silikate		
- Gruppen-(Soro-)silikate		
- Ring-(Cyclo-)silikate	Beryll, Milarit	$Al_2Be_3[Si_6O_{18}]$, $KCa_2AlBe_2[Si_{12}O_{30}] \cdot 0{,}5\,H_2O$
- Ketten-/Band-(Ino-)silikate		
- Schicht-(Phyllo-)silikate	Yagiit	$(Na,K)_{1,5}Mg_2(Al,Mg,Fe)_3[AlSi_5O_{15}]_2$
- Gerüst-(Tekto-)silikate		
organogene Kristalle		

[a] Sulfide und Sulfosalze, Selenide, Telluride, Arsenide, Antimonide, Bismutide, Phosphide
[b] Sulfate, Chromate, Molybdate, Wolframate
[c] Phosphate, Arsenate, Vanadate

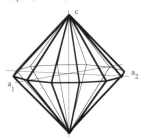

Abb. 62: allgemeine Form mit kristallographischen Achsen

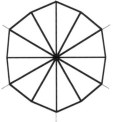

Blick || der c-Achse (= Kopfbild)

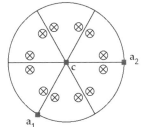

stereographische Projektion eines Kristalls der allg. Form

Tabelle 29: Symmetrieelemente

Symmetrieelement	Symbol	Anzahl	Lage im Kristall
6-zählige Drehachsen	⬢	1	‖ zur c-Achse
2-zählige Drehachsen	●	3 / 3	‖ zu den a_1-, a_2- und a_3-Achsen und ‖ zu deren Winkelhalbierenden
Inversionszentrum	$\bar{1}$	1	Kristallzentrum
Spiegelebenen	m	1 / 3 / 3	⊥ zur c-Achse/ ⊥ zu den a_1-, a_2- und a_3-Achsen und ⊥ zu deren Winkelhalbierenden
Enantiomorphie	nicht vorhanden		

Abbildung der Symmetrieelemente am Kristallmodell

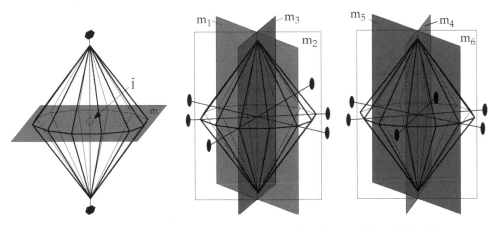

Abb. 63: Inversionszentrum,   Drehachsen und dazu ⊥ ausgerichtete Spiegelebenen

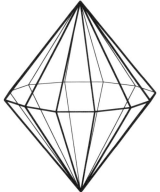
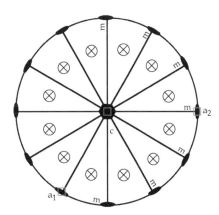

Abb. 64: Kristallmodell mit Stereogramm

Kristallsystem: hexagonal Kristallklasse: hexagonal-trapezoedrisch

Symbol nach Hermann-Mauguin: 622   Kurzschreibweise: 622   Schönflies: D_6

Tabelle 30: Häufige Minerale dieser Kristallklasse

Mineralgruppe	Mineralname	Chemismus
Elemente		
Sulfide und Sulfosalze [a]		
Halogenide		
Oxide und Hydroxide	Hochquarz	SiO_2
Karbonate, Nitrate, Borate		
Sulfate [b]	Santanait	$Pb_{11}[O_{12}CrO_4]$
Phosphate [c]	Rhabdophan	$(Ca,Ce,Nd)PO_4 \cdot 0\text{-}0{,}5\ H_2O$
Silikate		
- Insel-(Neso-)silikate		
- Gruppen-(Soro-)silikate		
- Ring-(Cyclo-)silikate		
- Ketten-/Band-(Ino-)silikate		
- Schicht-(Phyllo-)silikate		
- Gerüst-(Tekto-)silikate	Kaliophilit (K-Nephelin)	$KAlSiO_4$
organogene Kristalle		

[a] Sulfide und Sulfosalze, Selenide, Telluride, Arsenide, Antimonide, Bismutide, Phosphide
[b] Sulfate, Chromate, Molybdate, Wolframate
[c] Phosphate, Arsenate, Vanadate

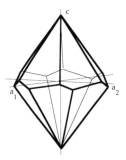
Abb. 65: allgemeine Form mit kristallographischen Achsen

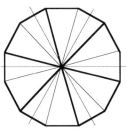
Blick ∥ der c-Achse (= Kopfbild)

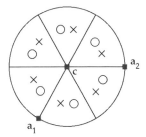
stereographische Projektion eines Kristalls der allg. Form

Tabelle 31: Symmetrieelemente

Symmetrieelement	Symbol	Anzahl	Lage im Kristall
6-zählige Drehachsen	⬢	1	∥ zur c-Achse
2-zählige Drehachsen	⬬	3 / 3	∥ zu den a_1-, a_2- und a_3-Achsen / ∥ zu deren Winkelhalbierenden
Enantiomorphie	vorhanden		

Abbildung der Symmetrieelemente am Kristallmodell

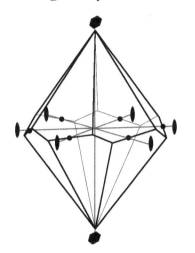
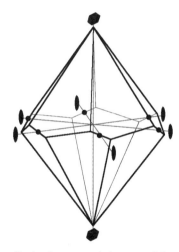

Abb. 66: 6-zählige Drehachse und die zwei Sätze 2-zähliger Drehachsen; • = Achsenausstichpunkte

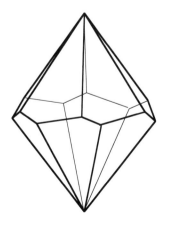
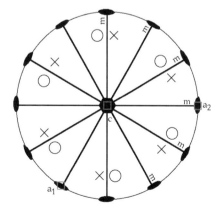

Abb. 67: Kristallmodell mit Stereogramm

Kristallsystem: hexagonal   Kristallklasse: hexagonal-dipyramidal

Symbol nach Hermann-Mauguin: $\frac{6}{m}$ Kurzschreibweise: $\frac{6}{m}$ Schönflies: C_{6h}

Tabelle 32: Häufige Minerale dieser Kristallklasse

Mineralgruppe	Mineralname	Chemismus
Elemente		
Sulfide und Sulfosalze [a]		
Halogenide		
Oxide und Hydroxide		
Karbonate, Nitrate, Borate	Jeremejewit	$Al_6B_5O_{15}(F,OH)_3$
Sulfate [b]	Cesanit	$Na_3Ca_2[(OH)(SO_4)_3]$
Phosphate [c]	Apatit, Pyromorphit	$Ca_5[(F,Cl,OH)(PO_4)_3]$, $Pb_5[Cl(PO_4)_3]$
Silikate		
- Insel-(Neso-)silikate	Beckelit (= Britholit)	$(Ca,SE)[(O,OH,F)(SiO_4,PO_4)_3]$
- Gruppen-(Soro-)silikate		
- Ring-(Cyclo-)silikate		
- Ketten-/Band-(Ino-)silikate		
- Schicht-(Phyllo-)silikate		
- Gerüst-(Tekto-)silikate	Davyn	$(K,Na)_6Ca_2[(SO_4,CO_3)_2][(AlSiO_4)_6]$
organogene Kristalle		

[a] Sulfide und Sulfosalze, Selenide, Telluride, Arsenide, Antimonide, Bismutide, Phosphide
[b] Sulfate, Chromate, Molybdate, Wolframate
[c] Phosphate, Arsenate, Vanadate

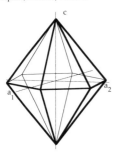
Abb. 68: allgemeine Form mit kristallographischen Achsen

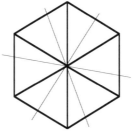
Blick ∥ der c-Achse (= Kopfbild)

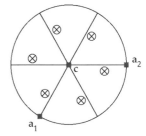
stereographische Projektion eines Kristalls der allg. Form

Tabelle 33: Symmetrieelemente

Symmetrieelement	Symbol	Anzahl	Lage im Kristall
6-zählige Drehachsen	⬢	1	‖ zur c-Achse
Inversionszentrum	$\bar{1}$	1	Kristallzentrum
Spiegelebenen	m	1	⊥ zur c-Achse
Enantiomorphie	nicht vorhanden		

Abbildung der Symmetrieelemente am Kristallmodell

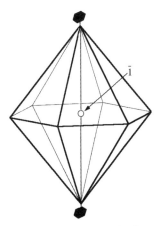

Abb. 69: 6-zählige Drehachse

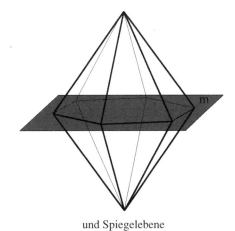

und Spiegelebene

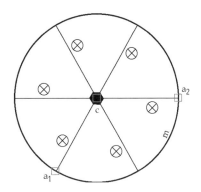

Abb. 70: Kristallmodell mit Stereogramm

Modell 16

Kristallsystem: hexagonal **Kristallklasse**: ditrigonal-dipyramidal

Symbol nach Hermann-Mauguin: $\bar{6}m2$ Kurzschreibweise: $\bar{6}m2$ Schönflies: D_{3h}

Tabelle 34: Häufige Minerale dieser Kristallklasse

Mineralgruppe	Mineralname	Chemismus
Elemente		
Sulfide und Sulfosalze [a]		
Halogenide		
Oxide und Hydroxide		
Karbonate, Nitrate, Borate	Bastnäsit	$Ce[CO_3F]$
Sulfate [b]		
Phosphate [c]		
Silikate		
- Insel-(Neso-)silikate		
- Gruppen-(Soro-)silikate		
- Ring-(Cyclo-)silikate	Benitoit, Pabstit	$BaTi[Si_3O_9]$, $BaSn[Si_3O_9]$
- Ketten-/Band-(Ino-)silikate		
- Schicht-(Phyllo-)silikate		
- Gerüst-(Tekto-)silikate	Offretit	$KCaMg[Al_5Si_{13}O_{36}] \cdot 15\,H_2O$
organogene Kristalle		

[a] Sulfide und Sulfosalze, Selenide, Telluride, Arsenide, Antimonide, Bismutide, Phosphide
[b] Sulfate, Chromate, Molybdate, Wolframate
[c] Phosphate, Arsenate, Vanadate

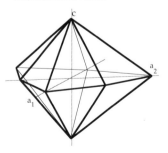 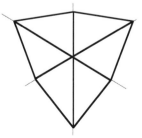 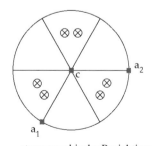

Abb. 71: allgemeine Form mit kristallographischen Achsen | Blick ∥ der c-Achse (= Kopfbild) | stereographische Projektion eines Kristalls der allg. Form

Tabelle 35: Symmetrieelemente

Symmetrieelement	Symbol	Anzahl	Lage im Kristall
6-zählige Drehinversionsachsen	⬯	1	∥ zur c-Achse
2-zählige Drehachsen	●	3 p	∥ zu den Winkelhalbierenden der a_1-, a_2- und a_3-Achsen
Spiegelebenen	m	1 / 3	⊥ zur c-Achse und ⊥ zu den a_1-, a_2- und a_3-Achsen
Enantiomorphie	nicht vorhanden		

p = polar

Abbildung der Symmetrieelemente am Kristallmodell

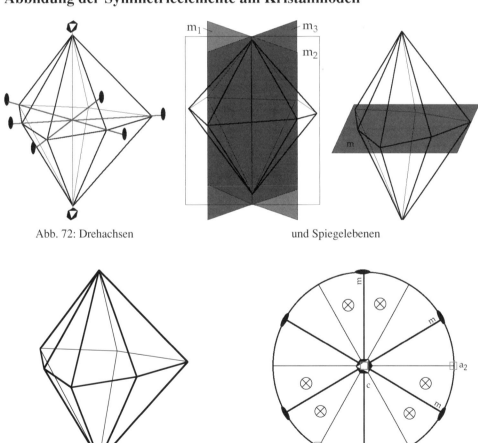

Abb. 72: Drehachsen und Spiegelebenen

Abb. 73: Kristallmodell mit Stereogramm

Kristallsystem: hexagonal   Kristallklasse: trigonal-dipyramidal

Symbol nach Hermann-Mauguin: $\bar{6}$ Kurzschreibweise: $\bar{6}$ Schönflies: C_{3h}

Tabelle 36: Häufige Minerale dieser Kristallklasse

Mineralgruppe	Mineralname	Chemismus
Elemente		
Sulfide und Sulfosalze [a]		
Halogenide	Laurelit	$Pb_7F_{12}Cl_2$
Oxide und Hydroxide		
Karbonate, Nitrate, Borate		
Sulfate [b]		
Phosphate [c]		
Silikate		
- Insel-(Neso-)silikate		
- Gruppen-(Soro-)silikate		
- Ring-(Cyclo-)silikate		
- Ketten-/Band-(Ino-)silikate		
- Schicht-(Phyllo-)silikate		
- Gerüst-(Tekto-)silikate		
organogene Kristalle		

[a] Sulfide und Sulfosalze, Selenide, Telluride, Arsenide, Antimonide, Bismutide, Phosphide
[b] Sulfate, Chromate, Molybdate, Wolframate
[c] Phosphate, Arsenate, Vanadate

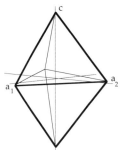
Abb. 74: allgemeine Form mit kristallographischen Achsen

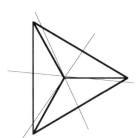
Blick ∥ der c-Achse (= Kopfbild)

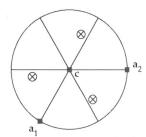
stereographische Projektion eines Kristalls der allg. Form

Tabelle 37: Symmetrieelemente

Symmetrieelement	Symbol	Anzahl	Lage im Kristall
6-zählige Drehinversionsachsen	⬙	1	‖ zur c-Achse
Spiegelebenen	m	1	⊥ zur c-Achse
Enantiomorphie	nicht vorhanden		

Abbildung der Symmetrieelemente am Kristallmodell

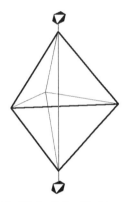
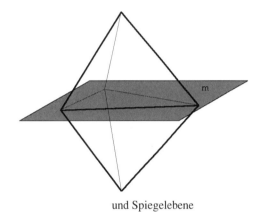

Abb. 75: 6-zählige Drehinversionsachse und Spiegelebene

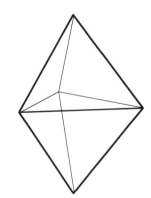
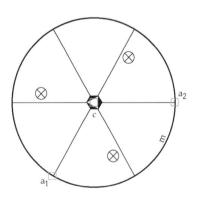

Abb. 76: Kristallmodell mit Stereogramm

Kristallsystem: hexagonal Kristallklasse: dihexagonal-pyramidal

Symbol nach Hermann-Mauguin: 6mm Kurzschreibweise: 6mm Schönflies: C_{6v}

Tabelle 38: Häufige Minerale dieser Kristallklasse

Mineralgruppe	Mineralname	Chemismus
Elemente		
Sulfide und Sulfosalze [a]	Wurtzit, Greenockit (Cadmiumblende)	b-ZnS, CdS
Halogenide		
Oxide und Hydroxide	Zinkit	ZnO
Karbonate, Nitrate, Borate		
Sulfate [b]		
Phosphate [c]		
Silikate		
- Insel-(Neso-)silikate		
- Gruppen-(Soro-)silikate		
- Ring-(Cyclo-)silikate		
- Ketten-/Band-(Ino-)silikate		
- Schicht-(Phyllo-)silikate	Amesit	$Mg_{3,2}Al_{2,0}Fe^{2+}_{0,8}[(OH)_8Al_2Si_2O_{10}]$
- Gerüst-(Tekto-)silikate		
organogene Kristalle		

[a] Sulfide und Sulfosalze, Selenide, Telluride, Arsenide, Antimonide, Bismutide, Phosphide
[b] Sulfate, Chromate, Molybdate, Wolframate
[c] Phosphate, Arsenate, Vanadate

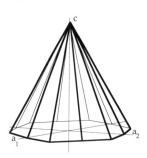 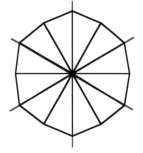 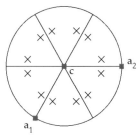

Abb. 77: allgemeine Form mit kristallographischen Achsen   Blick ∥ der c-Achse (= Kopfbild)   stereographische Projektion eines Kristalls der allg. Form

Tabelle 39: Symmetrieelemente

Symmetrieelement	Symbol	Anzahl	Lage im Kristall
6-zählige Drehachsen	⬢	1 p	∥ zur c-Achse
Spiegelebenen	m	3/3	⊥ zu den a_1-, a_2- und a_3-Achsen und ⊥ deren Winkelhalbierenden
Enantiomorphie	nicht vorhanden		

p = polar

Abbildung der Symmetrieelemente am Kristallmodell

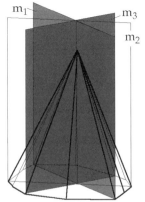
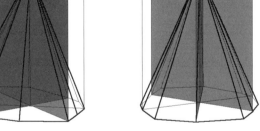

Abb. 78: Drehachse   und zwei nicht symmetrieäquivalente Spiegelebenensätze

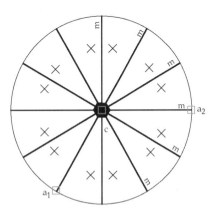

Abb. 79: Kristallmodell mit Stereogramm

Modell 19

Kristallsystem: hexagonal Kristallklasse: hexagonal-pyramidal

Symbol nach Hermann-Mauguin: 6 Kurzschreibweise: 6 Schönflies: C_6

Tabelle 40: Häufige Minerale dieser Kristallklasse

Mineralgruppe	Mineralname	Chemismus
Elemente		
Sulfide und Sulfosalze [a]		
Halogenide		
Oxide und Hydroxide		
Karbonate, Nitrate, Borate		
Sulfate [b]		
Phosphate [c]		
Silikate		
- Insel-(Neso-)silikate		
- Gruppen-(Soro-)silikate		
- Ring-(Cyclo-)silikate		
- Ketten-/Band-(Ino-)silikate		
- Schicht-(Phyllo-)silikate		
- Gerüst-(Tekto-)silikate	Nephelin	$KNa_3[AlSiO_4]_4$
organogene Kristalle		

[a] Sulfide und Sulfosalze, Selenide, Telluride, Arsenide, Antimonide, Bismutide, Phosphide
[b] Sulfate, Chromate, Molybdate, Wolframate
[c] Phosphate, Arsenate, Vanadate

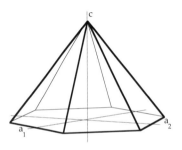 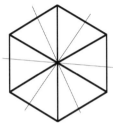 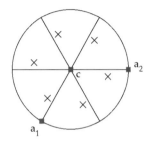

Abb. 80: allgemeine Form mit kristallographischen Achsen

Blick ∥ der c-Achse (= Kopfbild)

stereographische Projektion eines Kristalls der allg. Form

Tabelle 41 Symmetrieelemente

Symmetrieelement	Symbol	Anzahl	Lage im Kristall
6-zählige Drehachsen	⬢	1 p	‖ zur c-Achse
Enantiomorphie	vorhanden		

p = polar

Abbildung der Symmetrieelemente am Kristallmodell

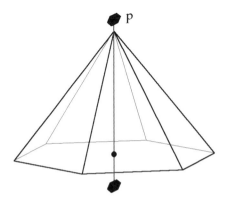

Abb. 81: polare 6-zählige Drehachse; ● = Achsenausstichpunkt

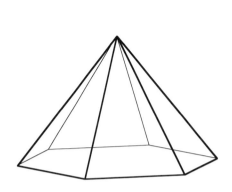
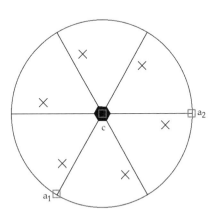

Abb. 82: Kristallmodell mit Stereogramm

Kristallsystem: trigonal Kristallklasse: ditrigonal-skalenoedrisch

Symbol nach Hermann-Mauguin: $\bar{3}\frac{2}{m}$ Kurzschreibweise: $\bar{3}m$ Schönflies: D_{3d}

Tabelle 42: Häufige Minerale dieser Kristallklasse

Mineralgruppe	Mineralname	Chemismus
Elemente	Wismut, Antimon, Arsen	Bi, Sb, As
Sulfide und Sulfosalze [a]	Tellurantimon, Stibarsen	Sb_2Te_3, SbAs
Halogenide	Rinneit	$K_3Na[FeCl_6]$
Oxide und Hydroxide	Korund, Hämatit	$\alpha\text{-}Al_2O_3$, $\alpha\text{-}Fe_2O_3$
Karbonate, Nitrate, Borate	Calcit, Rhodochrosit, Siderit Magnesit, Smithsonit (Zinkspat)	$CaCO_3$, $MnCO_3$, $FeCO_3$, $MgCO_3$, $ZnCO_3$
Sulfate [b]	Glaserit (Aphthitalit)	$K_3Na(SO_4)_2$
Phosphate [c]	Whitlockit (Pyrophosphorit)	$Ca_3(PO_4)_2$
Silikate		
- Insel-(Neso-)silikate		
- Gruppen-(Soro-)silikate	Barysilit	$Pb_8Mn[Si_2O_7]_3$
- Ring-(Cyclo-)silikate	Eudialyt	$Na_{16}Ca_6(Fe^{2+},Mn^{2+},Y)_3Zr_3(Si_3O_9)_2$ $(Si_9O_{27})_2(OH,Cl)_4$
- Ketten-/Band-(Ino-)silikate		
- Schicht-(Phyllo-)silikate		
- Gerüst-(Tekto-)silikate	Chabasit (ein Zeolith)	$(Ca,Na_2)[Al_2Si_4O_{12}] \cdot 6\,H_2O$
organogene Kristalle		

[a] Sulfide und Sulfosalze, Selenide, Telluride, Arsenide, Antimonide, Bismutide, Phosphide
[b] Sulfate, Chromate, Molybdate, Wolframate
[c] Phosphate, Arsenate, Vanadate

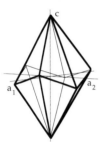 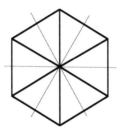 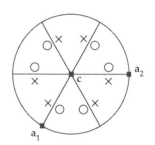

Abb. 83: allgemeine Form mit kristallographischen Achsen   Blick ∥ der c-Achse (= Kopfbild)   stereographische Projektion eines Kristalls der allg. Form

Tabelle 43: Symmetrieelemente

Symmetrieelement	Symbol	Anzahl	Lage im Kristall
3-zählige Drehinversionsachsen	△	1	∥ zur c-Achse
2-zählige Drehachsen	●	3	∥ zu den a_1-, a_2- und a_3-Achsen
Inversionszentrum	$\bar{1}$	1	Kristallzentrum
Spiegelebenen	m	3	⊥ zu den a_1-, a_2- und a_3-Achsen
Enantiomorphie	nicht vorhanden		

Abbildung der Symmetrieelemente am Kristallmodell

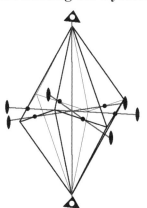
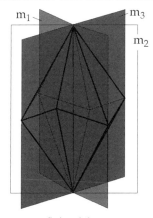
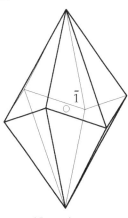

Abb. 84: Drehachsen, Spiegelebenen und Inversionszentrum
Die Punkte ● markieren die Achsenausstichpunkte.

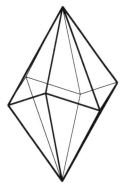
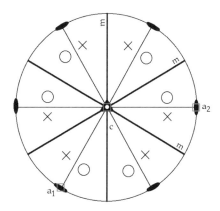

Abb. 85: Kristallmodell mit Stereogramm

Kristallsystem: trigonal   Kristallklasse: trigonal-trapezoedrisch

Symbol nach Hermann-Mauguin: 32   Kurzschreibweise: 32   Schönflies: D_3

Tabelle 44: Häufige Minerale dieser Kristallklasse

Mineralgruppe	Mineralname	Chemismus
Elemente	Selen, Tellur	γ-Se, Te
Sulfide und Sulfosalze [a]	Cinnabarit (Zinnober)	HgS
Halogenide		
Oxide und Hydroxide	Tiefquarz	SiO_2
Karbonate, Nitrate, Borate	Huntit	$CaMg_3(CO_3)_4$
Sulfate [b]		
Phosphate [c]	Berlinit (Al-Ortho-Phosphat)	$AlPO_4$
Silikate		
- Insel-(Neso-)silikate		
- Gruppen-(Soro-)silikate		
- Ring-(Cyclo-)silikate		
- Ketten-/Band-(Ino-)silikate		
- Schicht-(Phyllo-)silikate		
- Gerüst-(Tekto-)silikate		
organogene Kristalle		

[a] Sulfide und Sulfosalze, Selenide, Telluride, Arsenide, Antimonide, Bismutide, Phosphide
[b] Sulfate, Chromate, Molybdate, Wolframate
[c] Phosphate, Arsenate, Vanadate

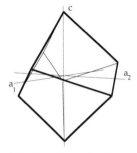

Abb. 86: allgemeine Form mit kristallographischen Achsen

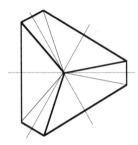

Blick ∥ der c-Achse (= Kopfbild)

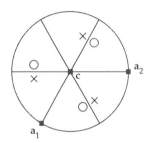

stereographische Projektion eines Kristalls der allg. Form

Tabelle 45: Symmetrieelemente

Symmetrieelement	Symbol	Anzahl	Lage im Kristall
3-zählige Drehachsen	▲	1	∥ zur c-Achse
2-zählige Drehachsen	●	3 p	∥ zu den a_1-, a_2- und a_3-Achsen
Enantiomorphie	vorhanden		

p = polar

Abbildung der Symmetrieelemente am Kristallmodell

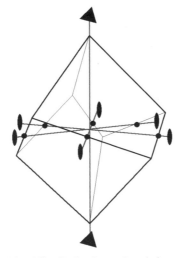

Abb. 87: 2- und 3-zählige Drehachsen; ● = Achsenausstichpunkte

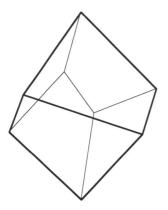
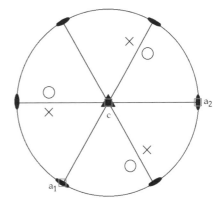

Abb. 88: Kristallmodell mit Stereogramm

Kristallsystem: trigonal Kristallklasse: rhomboedrisch

Symbol nach Hermann-Mauguin: $\bar{3}$ Kurzschreibweise: $\bar{3}$ Schönflies: C_{3i}

Tabelle 46: Häufige Minerale dieser Kristallklasse

Mineralgruppe	Mineralname	Chemismus
Elemente		
Sulfide und Sulfosalze [a]		
Halogenide	Tachyhydrit	$CaMg_2Cl_6 \cdot 12\,H_2O$
Oxide und Hydroxide	Ilmenit	$FeTiO_3$
Karbonate, Nitrate, Borate	Dolomit, Ankerit	$CaMg(CO_3)_2$, $CaFe(CO_3)_2$
Sulfate [b]		
Phosphate [c]		
Silikate		
- Insel-(Neso-)silikate	Willemit, Phenakit	$Zn_2[SiO_4]$, $Be_2[SiO_4]$
- Gruppen-(Soro-)silikate		
- Ring-(Cyclo-)silikate	Dioptas	$Cu_6[Si_6O_{18}] \cdot 6\,H_2O$
- Ketten-/Band-(Ino-)silikate		
- Schicht-(Phyllo-)silikate		
- Gerüst-(Tekto-)silikate		
organogene Kristalle		

[a] Sulfide und Sulfosalze, Selenide, Telluride, Arsenide, Antimonide, Bismutide, Phosphide
[b] Sulfate, Chromate, Molybdate, Wolframate
[c] Phosphate, Arsenate, Vanadate

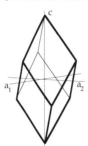  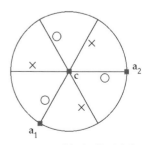

Abb. 89: allgemeine Form mit kristallographischen Achsen   Blick ∥ der c-Achse (= Kopfbild)   stereographische Projektion eines Kristalls der allg. Form

Tabelle 47: Symmetrieelemente

Symmetrieelement	Symbol	Anzahl	Lage im Kristall
3-zählige Drehinversionsachsen	▲	1	‖ zur c-Achse
Inversionszentrum	$\bar{1}$	1	Kristallzentrum
Enantiomorphie	nicht vorhanden		

Abbildung der Symmetrieelemente am Kristallmodell

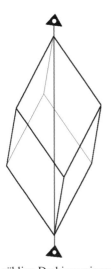

Abb. 90: 3-zählige Drehinversionsachse und

Inversionszentrum

Abb. 91: Kristallmodell mit Stereogramm

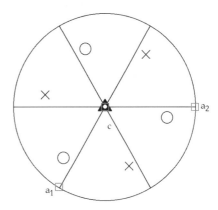

Kristallsystem: trigonal Kristallklasse: ditrigonal-pyramidal

Symbol nach Hermann-Mauguin: 3m Kurzschreibweise: 3m Schönflies: C_{3v}

Tabelle 48: Häufige Minerale dieser Kristallklasse

Mineralgruppe	Mineralname	Chemismus
Elemente		
Sulfide und Sulfosalze [a]	Proustit (lichtes Rotgültigerz), Pyrargyrit, Millerit	Ag_3AsS_3, Ag_3SbS_3, β-NiS
Halogenide		
Oxide und Hydroxide		
Karbonate, Nitrate, Borate		
Sulfate [b]	Ettringit	$Ca_6Al_2[(OH)_4(SO_4)]_3 \cdot 26\,H_2O$
Phosphate [c]		
Silikate		
- Insel-(Neso-)silikate		
- Gruppen-(Soro-)silikate		
- Ring-(Cyclo-)silikate	Turmalin	$(Na,Ca)(Li,Al,Mg,Fe^{2+},Fe^{3+},Mn)_3$ $(Al,Cr,Fe^{3+},V)_6[(OH,F)_4(BO_3)_3 Si_6O_{18}]$
- Ketten-/Band-(Ino-)silikate	Zirsinalith	$Na_6(Ca, Mn, Fe)Zr[Si_6O_{18}]$
- Schicht-(Phyllo-)silikate		
- Gerüst-(Tekto-)silikate		
organogene Kristalle		

[a] Sulfide und Sulfosalze, Selenide, Telluride, Arsenide, Antimonide, Bismutide, Phosphide
[b] Sulfate, Chromate, Molybdate, Wolframate
[c] Phosphate, Arsenate, Vanadate

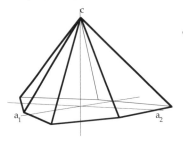 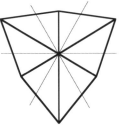 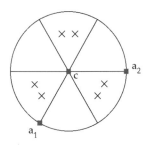

Abb. 92: allgemeine Form mit kristallographischen Achsen | Blick ∥ der c-Achse (= Kopfbild) | stereographische Projektion eines Kristalls der allg. Form

Tabelle 49: Symmetrieelemente

Symmetrieelement	Symbol	Anzahl	Lage im Kristall
3-zählige Drehachsen	▲	1 p	‖ zur c-Achse
Spiegelebenen	m	3	⊥ zu den a_1-, a_2- und a_3-Achsen
Enantiomorphie	nicht vorhanden		

p = polar

Abbildung der Symmetrieelemente am Kristallmodell

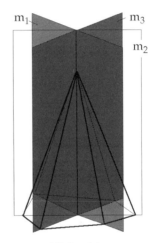

Abb. 93: 3-zählige Drehachse; • = Achsenausstichpunkt   und Spiegelebenen

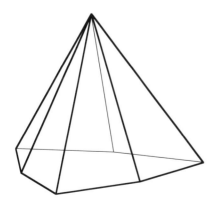
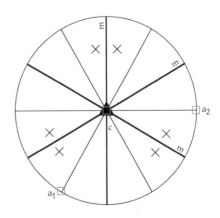

Abb. 94: Kristallmodell mit Stereogramm

Kristallsystem: trigonal Kristallklasse: trigonal-pyramidal

Symbol nach Hermann-Mauguin: 3 Kurzschreibweise: 3 Schönflies: C_3

Tabelle 50: Häufige Minerale dieser Kristallklasse

Mineralgruppe	Mineralname	Chemismus
Elemente		
Sulfide und Sulfosalze [a]		
Halogenide		
Oxide und Hydroxide		
Karbonate, Nitrate, Borate	Röntgenit	$Ce_3Ca_2[F_3(CO_3)_5]$
Sulfate [b]		
Phosphate [c]		
Silikate		
- Insel-(Neso-)silikate	Welinit	$Mn^{2+}_6[(W^{6+},Mg, Sb,Fe)O_2$ $[(OH)_2O(SiO_4)_2]$
- Gruppen-(Soro-)silikate		
- Ring-(Cyclo-)silikate		
- Ketten-/Band-(Ino-)silikate		
- Schicht-(Phyllo-)silikate		
- Gerüst-(Tekto-)silikate		
organogene Kristalle		

[a] Sulfide und Sulfosalze, Selenide, Telluride, Arsenide, Antimonide, Bismutide, Phosphide
[b] Sulfate, Chromate, Molybdate, Wolframate
[c] Phosphate, Arsenate, Vanadate

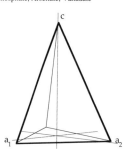
Abb. 95: allgemeine Form mit kristallographischen Achsen

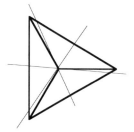
Blick ∥ der c-Achse (= Kopfbild)

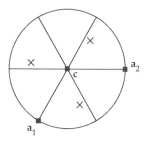
stereographische Projektion eines Kristalls der allg. Form

Tabelle 51: Symmetrieelemente

Symmetrieelement	Symbol	Anzahl	Lage im Kristall
3-zählige Drehachsen	▲	1 p	∥ zur c-Achse
Enantiomorphie	vorhanden		

p = polar

Abbildung der Symmetrieelemente am Kristallmodell

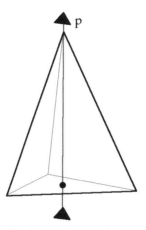

Abb. 96: 3-zählige Drehachse; • = Achsenausstichpunkt

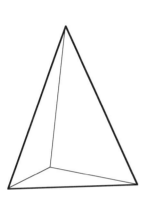
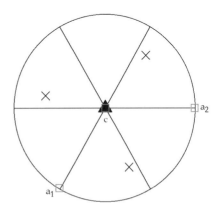

Abb. 97: Kristallmodell mit Stereogramm

Kristallsystem: orthorhombisch   Kristallklasse: rhombisch-dipyramidal

Symbol nach Hermann-Mauguin: $\frac{2}{m}\frac{2}{m}\frac{2}{m}$ Kurzschreibweise: mmm   Schönflies: D_{2h}

Tabelle 52: Häufige Minerale dieser Kristallklasse

Mineralgruppe	Mineralname	Chemismus
Elemente	Schwefel	α-S (S_8-Moleküle)
Sulfide und Sulfosalze [a]	Markasit, Antimonit	FeS_2, Sb_2S_3
Halogenide	Carnallit, Atakamit	$KMgCl_3 \cdot 6\,H_2O$, $Cu_2(OH)_3Cl$
Oxide und Hydroxide	Diaspor, Goethit	α-AlOOH, α-FeOOH
Karbonate, Nitrate, Borate	Aragonit, Cerussit	$CaCO_3$, $PbCO_3$
Sulfate [b]	Baryt, Coelestin, Anhydrit	$BaSO_4$, $SrSO_4$, $CaSO_4$
Phosphate [c]	Adamin, Variscit	$Zn_2[(OH)AsO_4]$, $AlPO_4 \cdot 2\,H_2O$
Silikate		
- Insel-(Neso-)silikate	Olivin, Topas, Andalusit	$(Mg,Fe)_2SiO_4$, $Al_2[F_2SiO_4]$, $Al^{[6]}Al^{[5]}[OSiO_4]$
- Gruppen-(Soro-)silikate	Zoisit	$Ca_2Al_3[(OOH)SiO_4Si_2O_7]$
- Ring-(Cyclo-)silikate	Cordierit (Dichroit)	$(Mg,Fe)_2Al_3[AlSi_5O_{18}]$
- Ketten-/Band-(Ino-)silikate	Enstatit	$Mg_2[Si_2O_6]$
- Schicht-(Phyllo-)silikate		
- Gerüst-(Tekto-)silikate	Danburit	$Ca[B_2Si_2O_8]$
organogene Kristalle	Benzen	C_6H_6

[a] Sulfide und Sulfosalze, Selenide, Telluride, Arsenide, Antimonide, Bismutide, Phosphide
[b] Sulfate, Chromate, Molybdate, Wolframate
[c] Phosphate, Arsenate, Vanadate

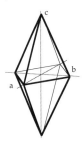 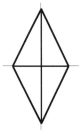 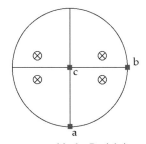

Abb. 98: allgemeine Form mit kristallographischen Achsen   Blick ∥ der c-Achse (= Kopfbild)   stereographische Projektion eines Kristalls der allg. Form

Tabelle 53: Symmetrieelemente

Symmetrieelement	Symbol	Anzahl	Lage im Kristall
2-zählige Drehachsen	●	1 / 1 / 1	∥ zu den a-, b- und c-Achsen
Inversionszentrum	$\bar{1}$	1	Kristallzentrum
Spiegelebenen	m	1 / 1 / 1	⊥ zu den a-, b- und c-Achsen
Enantiomorphie	nicht vorhanden		

Abbildung der Symmetrieelemente am Kristallmodell

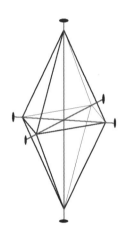 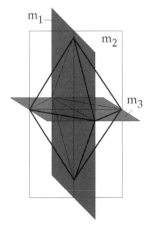 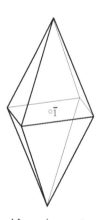

Abb. 99: 2-zählige Drehachsen,   Spiegelebenen   und Inversionszentrum

 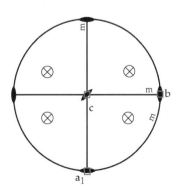

Abb. 100: Kristallmodell mit Stereogramm

Modell 26

Kristallsystem: orthorhombisch **Kristallklasse**: rhombisch-disphenoidisch

Symbol nach Hermann-Mauguin: 222 Kurzschreibweise: 222 Schönflies: D_2

Tabelle 54: Häufige Minerale dieser Kristallklasse

Mineralgruppe	Mineralname	Chemismus
Elemente		
Sulfide und Sulfosalze [a]	Billingsleyit, Wittichenit	$Ag_7(As,Sb)S_6$, Cu_3BiS_3
Halogenide		
Oxide und Hydroxide		
Karbonate, Nitrate, Borate	Gerhardtit	$Cu_2[(OH)_3NO_3]$
Sulfate [b]	Goslarit (Zinkvitriol), Epsomit	$ZnSO_4 \cdot 7\,H_2O$, $MgSO_4 \cdot 7\,H_2O$
Phosphate [c]	Austinit	$CaZn[OHAsO_4]$
Silikate		
- Insel-(Neso-)silikate	Vuagnatit	$CaAl[OHSiO_4]$
- Gruppen-(Soro-)silikate		
- Ring-(Cyclo-)silikate	Tobermorit	$Ca_5H_2[Si_3O_9]_2 \cdot 4\,H_2O$
- Ketten-/Band-(Ino-)silikate		
- Schicht-(Phyllo-)silikate		
- Gerüst-(Tekto-)silikate		
organogene Kristalle	Seignettesalz, Glyzerol, Asparagin	$KNaC_4H_4O_6 \cdot 4\,H_2O$, $C_3H_8O_3$, $C_4H_8O_3N_2 \cdot H_2O$

[a] Sulfide und Sulfosalze, Selenide, Telluride, Arsenide, Antimonide, Bismutide, Phosphide
[b] Sulfate, Chromate, Molybdate, Wolframate
[c] Phosphate, Arsenate, Vanadate

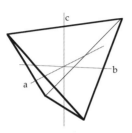 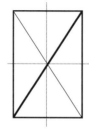 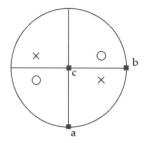

Abb. 101: allgemeine Form mit kristallographischen Achsen | Blick ∥ der c-Achse (= Kopfbild) | stereographische Projektion eines Kristalls der allg. Form

Tabelle 55: Symmetrieelemente

Symmetrieelement	Symbol	Anzahl	Lage im Kristall
2-zählige Drehachsen	●	1 / 1 / 1	∥ zu den a-, b- und c-Achsen
Enantiomorphie	vorhanden		

Abbildung der Symmetrieelemente am Kristallmodell

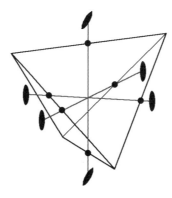

Abb. 102: 2-zählige Drehachsen; ● = Achsenausstichpunkte

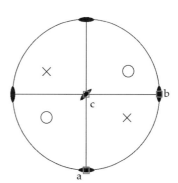

Abb. 103: Kristallmodell mit Stereogramm

Kristallsystem: orthorhombisch   Kristallklasse: rhombisch-pyramidal

Symbol nach Hermann-Mauguin: mm2   Kurzschreibweise: mm2   Schönflies: C_{2v}

Tabelle 56: Häufige Minerale dieser Kristallklasse

Mineralgruppe	Mineralname	Chemismus
Elemente		
Sulfide und Sulfosalze [a]	Tief-Chalkosin/ Stephanit, Bournonit (= wichtigster Spießglanz)	Ag_5SbS_4, $CuPbSbS_3$
Halogenide		
Oxide und Hydroxide	Santit	$K[B_5O_6(OH)_4] \cdot 2\,H_2O$
Karbonate, Nitrate, Borate	Dawsonit	$NaAl[(OH)_2CO_3]$
Sulfate [b]		
Phosphate [c]	Struvit	$MgNH_4[PO_4] \cdot 6\,H_2O$
Silikate		
- Insel-(Neso-)silikate		
- Gruppen-(Soro-)silikate	Hemimorphit (Kieselzinkerz)	$Zn_4[(OH)_2Si_2O_7] \cdot H_2O$
- Ring-(Cyclo-)silikate		
- Ketten-/Band-(Ino-)silikate	Batisit	$Na_2BaTi_2[Si_2O_7]_2$
- Schicht-(Phyllo-)silikate	Prehnit	$Ca_2Al[(OH)_2AlSi_3O_{10}]$
- Gerüst-(Tekto-)silikate	Natrolith	$Na_2[Al_2Si_3O_{10}] \cdot 2\,H_2O$
organogene Kristalle	Resorzin, Fichtelit	$C_6H_4(OH)_2$, $C_{19}H_{34}$

[a] Sulfide und Sulfosalze, Selenide, Telluride, Arsenide, Antimonide, Bismutide, Phosphide
[b] Sulfate, Chromate, Molybdate, Wolframate
[c] Phosphate, Arsenate, Vanadate

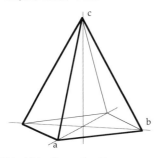 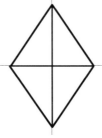 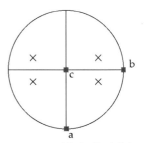

Abb. 104: allgemeine Form   Blick ∥ der c-Achse   stereographische Projektion
mit kristallographischen Achsen   (= Kopfbild)   eines Kristalls der allg. Form

Tabelle 57: Symmetrieelemente

Symmetrieelement	Symbol	Anzahl	Lage im Kristall
2-zählige Drehachsen	●	1 p	‖ zur c-Achse
Spiegelebenen	m	1 / 1	⊥ zu den a- und b-Achsen
Enantiomorphie	nicht vorhanden		

p = polar

Abbildung der Symmetrieelemente am Kristallmodell

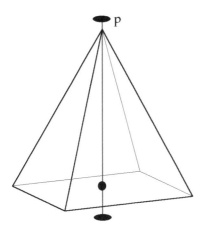

Abb. 105: 2-zählige Drehachse, ● = Achsenausstichpunkt

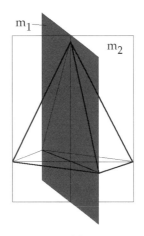

Spiegelebenen

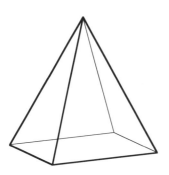

Abb. 106: Kristallmodell mit Stereogramm

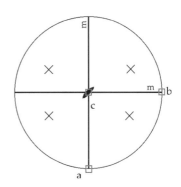

Kristallsystem: monoklin Kristallklasse: monoklin-prismatisch

Symbol nach Hermann-Mauguin: $\frac{2}{m}$ Kurzschreibweise: $\frac{2}{m}$ Schönflies: C_{2h}

Tabelle 58: Häufige Minerale dieser Kristallklasse

Mineralgruppe	Mineralname	Chemismus
Elemente	Schwefel > 95 °C	β-Schwefel
Sulfide und Sulfosalze [a]		
Halogenide	Kryolith, Bischofit	Na_3AlF_6, $MgCl_2 \cdot 6\,H_2O$
Oxide und Hydroxide	Manganit	γ-MnOOH
Karbonate, Nitrate, Borate	Natrit (Soda), Borax (Tinkal),	$Na_2CO_3 \cdot 10\,H_2O$, $Na_2B_4O_7 \cdot 10\,H_2O$,
Sulfate [b]	Gips, Kieserit, Bieberit, Krokoit (Rotbleierz)	$CaSO_4 \cdot 2\,H_2O$, $MgSO_4 \cdot H_2O$, $CoSO_4 \cdot 7\,H_2O$, $PbCrO_4$
Phosphate [c]	Vivianit	$Fe^{2+}_3(PO_4)_2 \cdot 8\,H_2O$
Silikate		
- Insel-(Neso-)silikate	Titanit (Sphen)	$CaTi[OSiO_4]$
- Gruppen-(Soro-)silikate	Epidot	$Ca_2(Fe^{3+},Al)Al_2[OOHSiO_4Si_2O_7]$
- Ring-(Cyclo-)silikate	Diopsid	$CaMg[Si_2O_6]$
- Ketten-/Band-(Ino-)silikate	Hornblende	$Ca_2(Na,K)_{0,5-1}(Mg,Fe)_{3-4}$ $(Fe^{3+},Al)_{2-1}[(OH,F)_2Al_2Si_6O_{22}]$
- Schicht-(Phyllo-)silikate	Muskovit	$K(Mg,Fe,Mn,Al)_{2-3}$ $[(OH,F)_2AlSi_3O_{10}]$
- Gerüst-(Tekto-)silikate	Orthoklas	$K[AlSi_3O_8]$
organogene Kristalle	Oxalsäure, Whewellit	$C_2O_4H_2 \cdot 2\,H_2O$, $CaC_2O_4 \cdot H_2O$

[a] Sulfide und Sulfosalze, Selenide, Telluride, Arsenide, Antimonide, Bismutide, Phosphide
[b] Sulfate, Chromate, Molybdate, Wolframate
[c] Phosphate, Arsenate, Vanadate

Abb. 107: allgemeine Form
mit kristallographischen Achsen

Blick ∥ der c-Achse
(= Kopfbild)

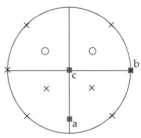
stereographische Projektion
eines Kristalls der allg. Form

Tabelle 59: Symmetrieelemente

Symmetrieelement	Symbol	Anzahl	Lage im Kristall
2-zählige Drehachsen	●	1	∥ zur b-Achse
Inversionszentrum	$\bar{1}$	1	Kristallzentrum
Spiegelebenen	m	1	⊥ zur b-Achse
Enantiomorphie	nicht vorhanden		

Abbildung der Symmetrieelemente am Kristallmodell

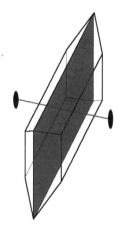

Abb. 108: 2-zählige Drehachse und Spiegelebene

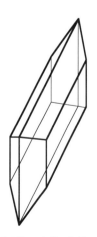

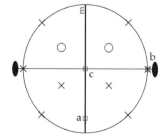

Abb. 109: Kristallmodell mit Stereogramm

Kristallsystem: monoklin   Kristallklasse: monoklin-domatisch

Symbol nach Hermann-Mauguin: m   Kurzschreibweise: m   Schönflies: C_S

Tabelle 60: Häufige Minerale dieser Kristallklasse

Mineralgruppe	Mineralname	Chemismus
Elemente		
Sulfide und Sulfosalze [a]	Trigonit	$Pb_3MnH[AsO_3]_3$
Halogenide		
Oxide und Hydroxide		
Karbonate, Nitrate, Borate	Hilgardit (ein Phylloborat)	$Ca_2[ClB_5O_8(OH)_2]$
Sulfate [b]	Bonattit	$CuSO_4 \cdot 3\,H_2O$
Phosphate [c]	Pharmakolith	$CaHAsO_4 \cdot 2\,H_2O$
Silikate		
- Insel-(Neso-)silikate		
- Gruppen-(Soro-)silikate		
- Ring-(Cyclo-)silikate	Skolezit	$Ca[Al_2Si_3O_{10}] \cdot 3\,H_2O$
- Ketten-/Band-(Ino-)silikate	Neptunit	$KNa_2Li(Fe,Mn)_2Ti_2[Si_8O_{24}]$
- Schicht-(Phyllo-)silikate	Halloysit	$Al_4[(OH)_8Si_4O_{10}] \cdot 4\,H_2O$
- Gerüst-(Tekto-)silikate		
organogene Kristalle		

[a] Sulfide und Sulfosalze, Selenide, Telluride, Arsenide, Antimonide, Bismutide, Phosphide
[b] Sulfate, Chromate, Molybdate, Wolframate
[c] Phosphate, Arsenate, Vanadate

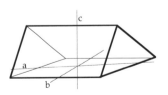
Abb. 110: allgemeine Form mit kristallographischen Achsen

Blick ∥ der c-Achse (= Kopfbild)

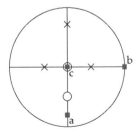
stereographische Projektion eines Kristalls der allg. Form

Modell 29

Tabelle 61: Symmetrieelemente

Symmetrieelement	Symbol	Anzahl	Lage im Kristall
Spiegelebenen	m	1	⊥ zur b-Achse
Enantiomorphie	nicht vorhanden		

Abbildung der Symmetrieelemente am Kristallmodell

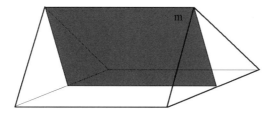

Abb. 111: Spiegelebene

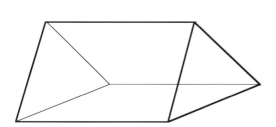 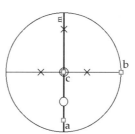

Abb. 112: Kristallmodell mit seinem Stereogramm

Kristallsystem: monoklin   Kristallklasse: monoklin-sphenoidisch

Symbol nach Hermann-Mauguin: 2   Kurzschreibweise: 2   Schönflies: C_2

Tabelle 62: Häufige Minerale dieser Kristallklasse

Mineralgruppe	Mineralname	Chemismus
Elemente		
Sulfide und Sulfosalze [a]		
Halogenide		
Oxide und Hydroxide		
Karbonate, Nitrate, Borate		
Sulfate [b]	Halotrichit	$Fe^{2+}Al_2(SO_4)_4 \cdot 22\ H_2O$
Phosphate [c]		
Silikate		
- Insel-(Neso-)silikate		
- Gruppen-(Soro-)silikate		
- Ring-(Cyclo-)silikate		
- Ketten-/Band-(Ino-)silikate		
- Schicht-(Phyllo-)silikate		
- Gerüst-(Tekto-)silikate	Mesolith	$Na_2Ca_2[Al_2Si_3O_{10}]_3 \cdot 8\ H_2O$
organogene Kristalle		

[a] Sulfide und Sulfosalze, Selenide, Telluride, Arsenide, Antimonide, Bismutide, Phosphide
[b] Sulfate, Chromate, Molybdate, Wolframate
[c] Phosphate, Arsenate, Vanadate

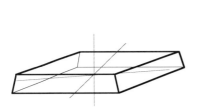 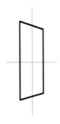 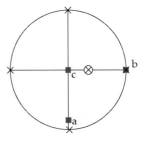

Abb. 113: allgemeine Form mit kristallographischen Achsen   Blick ∥ der c-Achse (= Kopfbild)   stereographische Projektion eines Kristalls der allg. Form

Modell 30

Tabelle 63: Symmetrieelemente

Symmetrieelement	Symbol	Anzahl	Lage im Kristall
2-zählige Drehachsen	●	1 p	‖ zur b-Achse
Enantiomorphie	vorhanden		

p = polar

Abbildung der Symmetrieelemente am Kristallmodell

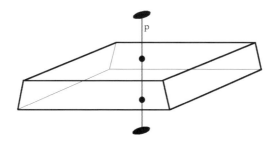

Abb. 114: 2-zählige Drehachse; ● = Achsenausstichpunkte

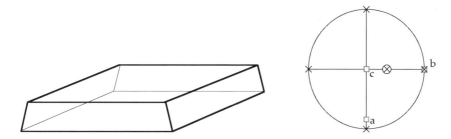

Abb. 115: Kristallmodell mit Stereogramm

Kristallsystem: triklin   Kristallklasse: triklin-pinakoidisch

Symbol nach Hermann-Mauguin: $\bar{1}$ Kurzschreibweise: $\bar{1}$ Schönflies: C_i

Tabelle 64: Häufige Minerale dieser Kristallklasse

Mineralgruppe	Mineralname	Chemismus
Elemente		
Sulfide und Sulfosalze [a]	Hatchit	$PbTlAgAs_2S_5$
Halogenide		
Oxide und Hydroxide	Vandenbrandeit (Uranolepidolit)	$[UO_2(OH)_2] \cdot Cu(OH)_2$
Karbonate, Nitrate, Borate	Ulexit	$NaCa[B_5O_6(OH)_6] \cdot 5\,H_2O$
Sulfate [b]	Chalkanthit (Kupfervitriol)	$CuSO_4 \cdot 5\,H_2O$
Phosphate [c]	Türkis	$Cu(Al, Fe^{3+}, Ca)_6[(OH)_2PO_4]_4 \cdot 4\,H_2O$
Silikate		
- Insel-(Neso-)silikate	Kyanit (Cyanit)	$Al_2[OSiO_4]$
- Gruppen-(Soro-)silikate		
- Ring-(Cyclo-)silikate	Pektolith	$Ca_2NaH[Si_3O_9]$
- Ketten-/Band-(Ino-)silikate	Rhodonit	$CaMn_4[Si_5O_{15}]$
- Schicht-(Phyllo-)silikate	Kaolinit	$Al_4[(OH)_8Si_4O_{10}]$
- Gerüst-(Tekto-)silikate	Albit, Mikroklin	$Na[AlSi_3O_8], K[AlSi_3O_8]$
organogene Kristalle		

[a] Sulfide und Sulfosalze, Selenide, Telluride, Arsenide, Antimonide, Bismutide, Phosphide
[b] Sulfate, Chromate, Molybdate, Wolframate
[c] Phosphate, Arsenate, Vanadate

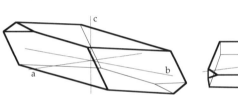

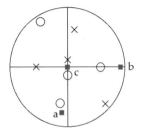

Abb. 116: allgemeine Form mit kristallographischen Achsen   Blick ∥ der c-Achse (= Kopfbild)   stereographische Projektion eines Kristalls der allg. Form

Tabelle 65: Symmetrieelemente

Symmetrieelement	Symbol	Anzahl	Lage im Kristall
Inversionszentrum	$\bar{1}$	1	Kristallzentrum
Enantiomorphie	nicht vorhanden		

Abbildung der Symmetrieelemente am Kristallmodell

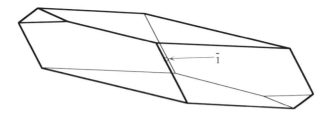

Abb. 117: Inversionszentrum

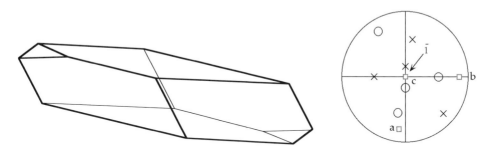

Abb. 118: Kristallmodell mit Stereogramm

Kristallsystem: triklin   Kristallklasse: triklin-pedial

Symbol nach Hermann-Mauguin: 1   Kurzschreibweise: 1   Schönflies: C_1

Tabelle 66: Häufige Minerale dieser Kristallklasse

Mineralgruppe	Mineralname	Chemismus
Elemente		
Sulfide und Sulfosalze [a]	Aramayoit	$Ag(Sb,Bi)S_2$
Halogenide	Atroeit	$PbAlF_3(OH)_2$
Oxide und Hydroxide	Otjisumeit	$PbGe_4O_9$
Karbonate, Nitrate, Borate	Parahilgardit	$Ca_2[ClB_5O_8(OH)_2]$
Sulfate [b]		
Phosphate [c]		
Silikate		
- Insel-(Neso-)silikate		
- Gruppen-(Soro-)silikate		
- Ring-(Cyclo-)silikate		
- Ketten-/Band-(Ino-)silikate		
- Schicht-(Phyllo-)silikate		
- Gerüst-(Tekto-)silikate		
organogene Kristalle	Hartit	$C_{20}H_{34}$

[a] Sulfide und Sulfosalze, Selenide, Telluride, Arsenide, Antimonide, Bismutide, Phosphide
[b] Sulfate, Chromate, Molybdate, Wolframate
[c] Phosphate, Arsenate, Vanadate

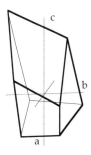 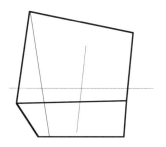 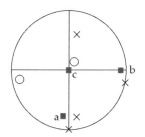

Abb. 119: allgemeine Form mit kristallographischen Achsen   Blick ∥ der c-Achse (= Kopfbild)   stereographische Projektion eines Kristalls der allg. Form

Tabelle 67: Symmetrieelemente

Symmetrieelement	Symbol	Anzahl	Lage im Kristall
Symmetrieelemente	-	-	keine Symmetrie vorhanden
Enantiomorphie	vorhanden		

Abbildung der Symmetrieelemente am Kristallmodell

Es sind keine Symmetrieelemente vorhanden, allerdings existieren enantiomorphe (spiegelsymmetrische) Rechts- und Links-Formen der Kristalle, wie dies in der Abbildung unten dargestellt ist.

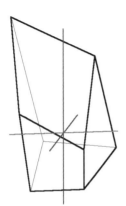
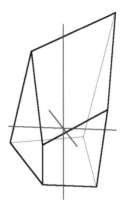

Abb. 120: Darstellung der enantiomorphen Kristalle

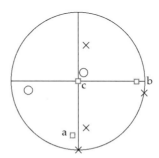

Abb. 121: Kristallmodell mit Stereogramm

Literaturverzeichnis

Dieses Verzeichnis erhebt keinen Anspruch auf Vollständigkeit. Es soll nur einige Hinweise auf weiterführende Literatur auf dem Gebiet der Kristallographie geben. Es sind alle im Text zitierten und als Grundlage für Tabellenzusammenstellungen verwendeten Publikationen angegeben.

Blackburn, H. & Dennen, H.:
   Enzyclopedia of Mineral Names
   The Canadian Mineralogist; Special Publication 1 (1997)

Borchardt-Ott, Walter:
   Kristallographie.
   Eine Einführung für Naturwissenschaftler
   Fünfte, vollständig überarbeitete Auflage
   Springer Verlag, Berlin, Heidelberg (1997)

Buerger, Martin J.:
   Kristallographie.
   Eine Einführung in die geometrische und röntgenographische Kristallkunde
   Verlag Walter de Gruyter, Berlin, New York (1977)

Correns, Carl W.:
   Einführung in die Mineralogie (Kristallographie und Petrologie)
   2. Auflage, Springer-Verlag Berlin (1968)

Nickel, Ernest H.:
   European Journal of Mineralogy, Vol 7., 1213-1215 (1995)

Kleber, Will:
   Einführung in die Kristallographie
   17. stark bearbeitete Auflage, herausgegeben von Hans Joachim Bautsch,
   Joachim Bohm und Irmgard Kleber,
   Verlag Technik GmbH, Berlin (1990)

Matthes, Siegfried:
   Mineralogie.
   Eine Einführung in die spezielle Mineralogie, Petrologie und Lagerstättenkunde
   fünfte, überarbeitete Auflage,
   Springer Verlag, Berlin, Heidelberg (1996)

Oberholzer, W.F. und Dietrich, V.:
   Tabellen zum Mineral- und Gesteinsbestimmen
   Kurse für Universität und ETH-Zürich,
   vdf, Verlag der Fachvereine Zürich (1989)

Rösler, Hans Jürgen:
    Lehrbuch der Mineralogie
    5. unveränderte Auflage,
    Deutscher Verlag für Grundstoffindustrie, Leipzig (1991)

Strübel, Günter; Zimmer, Siegfried:
    Lexikon der Mineralogie
    Enke Verlag, Stuttgart (1982)

Mineralien Magazin Lapis
    monatlich veröffentlicht vom Christian Weise Verlag GmbH, München

Softwareverzeichnis

Alexander R. Hölzel:
    Systematik in der Mineralogie, MDAT-Lite 97

Software zur Kristalldarstellung

Shape © Software
    A COMPUTER PROGRAM FOR DRAWING CRYSTALS
    Macintosh Version 4.0,
    Copyright © 1991 - 1993 Eric Dowty and R. Peter Richards

Mineral	Formel	Seite
A		
Adamin	$Zn_2[(OH)AsO_4]$	76
Åkermanit	$Ca_2Mg[Si_2O_7]$	44
Albit	$Na[AlSi_3O_8]$	88
Amesit	$Mg_{3,2}Al_{2,0}Fe^{2+}{}_{0,8}[(OH)_8Al_2Si_2O_{10}]$	62
Anatas	TiO_2	38
Andalusit	$Al^{[6]}Al^{[5]}[OSiO_4]$	76
Anhydrit	$CaSO_4$	76
Ankerit	$CaFe(CO_3)_2$	70
Antimon	Sb	66
Antimonit	Sb_2S_3	76
Apatit	$Ca_5[(F,Cl,OH)(PO_4)_3]$	56
Aphthitalit	$K_3Na(SO_4)_2$	66
Apophyllit	$KCa_4[F(Si_4O_{10})_2] \cdot 8\ H_2O$	38
Aragonit	$CaCO_3$	76
Aramayoit	$Ag(Sb,Bi)S_2$	90
Arsen	As	66
Asparagin	$C_4H_8O_3N_2 \cdot H_2O$	78
Atakamit	$Cu_2(OH)_3Cl$	76
Atroeit	$PbAlF_3(OH)_2$	90
Austinit	$CaZn[OHAsO_4]$	78
B		
Baotit	$Ba_4(Ti,Nb)_8[ClO_{16}Si_4O_{12}]$	42
Bartonit	$K_3Fe_{10}S_{14}$	38
Barysilit	$Pb_8Mn[Si_2O_7]_3$	66
Baryt	$BaSO_4$	76
Bastnäsit	$(Ce,La)[CO_3F]$	58
Batisit	$Na_2BaTi_2[Si_2O_7]_2$	80
Beckelit	$(Ca,SE)[(O,OH,F)(SiO_4)_3]$	56
Benitoit	$BaTi[Si_3O_9]$	58
Benzen	C_6H_6	76
Berlinit	$AlPO_4$	68
Beryll	$Al_2Be_3[Si_6O_{18}]$	52
Berzeliit	$(Ca,Na)_3(Mg,Mn)_2[AsO_4]_3$	28
Bieberit	$CoSO_4 \cdot 7\ H_2O$	82
Billingsleyit	$Ag_7(As,Sb)S_6$	78
Bischofit	$MgCl_2 \cdot 6\ H_2O$	82
Bismutit	$Bi_2O_3CO_3$	38

Mineral- und Formelregister

Mineral	Formel	Seite
Blei	Pb	28
Bleiglanz	PbS	28
Bonattit	$CuSO_4 \cdot 3\, H_2O$	84
Boracit	$Mg_3B_7O_{13}Cl$	34
Borax	$Na_2B_4O_7 \cdot 10\, H_2O$	82
Bournonit	$CuPbSbS_3$	80
Braunit	$Mn^{2+}Mn^{3+}{}_6[O_8SiO_4]$	44
Britholit	$(Ca,SE)[(O,OH,F)(SiO_4)_3]$	56
Buttgenbachit	$Cu_{19}[Cl_4(OH)_{32}(NO_3)_2] \cdot 2\, H_2O$	52

C

Cahnit	$Ca_2[AsO_4B(OH)_4]$	46
Calcit	$CaCO_3$	66
Calcium-Uranglimmer	$Ca[UO_2PO_4]_2 \cdot 8\, H_2O$	38
Carnallit	$KMgCl_3 \cdot 6\, H_2O$	76
Cassiterit	SnO_2	38
Cerussit	$PbCO_3$	76
Cesanit	$Na_3Ca_2[(OH)(SO_4)_3]$	56
Chabasit	$(Ca,Na_2)[Al_2Si_4O_{12}] \cdot 6\, H_2O$	66
Chalkanthit	$CuSO_4 \cdot 5\, H_2O$	88
Chalkopyrit	$CuFeS_2$	44
Chalkosin	Ag_5SbS_4	80
Chlorbleierz	$Pb_2Cl_2CO_3$	40
Cinnabarit	HgS	68
Coelestin	$SrSO_4$	76
Cordierit	$(Mg,Fe)_2Al_3[AlSi_5O_{18}]$	76
Cyanit	$Al_2[OSiO_4]$	88

D

D´Ansit	$Na_{21}Mg[Cl_3(SO_4)_{10}] \cdot$	34
Danburit	$Ca[B_2Si_2O_8]$	76
Davyn	$(K,Na)_6Ca_2[(SO_4,CO_3)_2(AlSiO_4)_6]$	56
Dawsonit	$NaAl[(OH)_2CO_3]$	80
Diaboleit	$Pb_2[Cu(OH)_4Cl_2]$	48
Diamant	C	28
Diaspor	$AlOOH$	76
Dichroit	$(Mg,Fe)_2Al_3[AlSi_5O_{18}]$	76
Diomignit	$Li_2[B_4O_7]$	48

Mineral	Formel	Seite
Diopsid	$CaMg[Si_2O_6]$	82
Dioptas	$Cu_6[Si_6O_{18}] \cdot 6\,H_2O$	70
Dolomit	$CaMg(CO_3)_2$	70

E

Mineral	Formel	Seite
Eis	H_2O	28; 52
Eisen	Fe	28
Enstatit	$Mg_2[Si_2O_6]$	76
Epidot	$Ca_2(Fe^{3+},Al)Al_2[OOHSiO_4Si_2O_7]$	82
Epsomit	$MgSO_4 \cdot 7\,H_2O$	78
Ettringit	$Ca_6Al_2[(OH)_4(SO_4)]_3 \cdot 26\,H_2O$	72
Eudialyt	$Na_3(Ca,Fe)_3Zr[(OH,Cl)|(Si_3O_9)_2]$	66

F

Mineral	Formel	Seite
Faujasit	$Na_{20}Ca_{12}Mg_8[Al_5Si_{11}O_{32}]_{12} \cdot 235\,H_2O$	28
Fichtelit	$C_{19}H_{34}$	80
Fluorit	CaF_2	28

G

Mineral	Formel	Seite
Galenit	PbS	28
Gelbbleierz	$Pb(MoO_4)$	50
Gerhardtit	$Cu_2[(OH)_3NO_3]$	78
Gersdorffit	$NiAsS$	36
Gips	$CaSO_4 \cdot 2\,H_2O$	82
Glaserit	$K_3Na(SO_4)_2$	66
Glyzerol	$C_3H_8O_3$	78
Goethit	$FeOOH$	76
Gold	Au	28
Goslarit	$ZnSO_4 \cdot 7\,H_2O$	78
Granate	$(Ca,Mg,Fe^{2+},Mn)_3(Al,Fe^{3+},Cr)_2[SiO_4]_3$	28
Graphit	C	52
Greenockit	CdS	62

H

Mineral	Formel	Seite
Halit	$NaCl$	28

Mineral	Formel	Seite
Halloysit	$Al_4[(OH)_8Si_4O_{10}] \cdot 4\,H_2O$	84
Halotrichit	$Fe^{2+}Al_2(SO_4)_4 \cdot 22\,H_2O$	86
Hämatit	Fe_2O_3	66
Harnstoff	$CO(NH_2)_2$	44
Hartit	$C_{20}H_{34}$	90
Hatchit	$PbTlAgAs_2S_5$	88
Hausmannit	$Mn^{4+}Mn^{2+}{}_2O_4$	38
Hemimorphit	$Zn_4[(OH)_2Si_2O_7] \cdot H_2O$	80
Hilgardit	$Ca_2[ClB_5O_8(OH)_2]$	84
Hoch-Leucit	$KAlSi_2O_6$	28
Hochquarz	SiO_2	54
Honigstein	$Al_2C_{12}O_{12} \cdot 16\,H_2O$	40
Hornblende	$Ca_2(Na,K)_{0,5-1}(Mg,Fe)_{3-4}(Fe^{3+},Al)_{2-1}[(OH,F)_2Al_2Si_6O_{22}]$	82
Huntit	$CaMg_3(CO_3)_4$	68

I

Ilmenit	$FeTiO_3$	70

J

Jeremejewit	$Al_6B_5O_{15}(F,OH)_3$	56

K

Kalialaun	$KAl(SO_4)_2 \cdot 12\,H_2O$	32
Kaliophilit	$KAlSiO_4$	54
Kaliumdihydrogenphosphat	KH_2PO_4	44
Kaliumpräsodymnitrat	$K_3Pr_2(NO_3)_9$	30
Kalomel	$HgCl$	38
Kaolinit	$Al_4[(OH)_8Si_4O_{10}]$	88
Kieselzinkerz	$Zn_4[(OH)_2Si_2O_7] \cdot H_2O$	80
Kieserit	$MgSO_4 \cdot H_2O$	82
Kohlenstoff	C	34
Korund	Al_2O_3	52, 66
Krokoit	$PbCrO_4$	82
Kryolith	Na_3AlF_6	82
Kryptomelan	$K_{<2}(Mn^{4+},Mn^{2+})_8O_{16}$	42
Kupfer	Cu	28

Mineral	Formel	Seite
Kupferhalogenide (einwertig)	CuJ, CuBr, CuCl	34
Kupferkies	$CuFeS_2$	44
Kupfervitriol	$CuSO_4 \cdot 5\,H_2O$	88
Kyanit	$Al_2[OSiO_4]$	88

L

Langbeinit	$K_2Mg(SO_4)_3$	36
Laurelit	$Pb_7F_{12}Cl_2$	60
Lenait	$AgFeS_2$	48

M

Magnesit	$MgCO_3$	66
Magnesium	Mg	52
Magnetkies	$Fe_{1-x}S$	52
Manganit	MnOOH	82
Markasit	FeS_2	76
Maucherit	$Ni_{11}As_8$	40
Mayenit	$12\,CaO \cdot 7\,Al_2O_3$	34
Melilith	$(\underline{Ca},Na)_2(Al,Mg)(Si,Al)_2O_7$	44
Mellit	$Al_2C_{12}O_{12} \cdot 16\,H_2O$	40
Mennige	Pb_3O_4	38
Mesolith	$Na_2Ca_2[Al_2Si_3O_{10}]_3 \cdot 8\,H_2O$	86
Metacinnabarit	HgS	34
Mikroklin	$K[AlSi_3O_8]$	88
Milarit	$KCa_2AlBe_2[Si_{12}O_{30}] \cdot 0,5\,H_2O$	52
Millerit	NiS	72
Molybdänglanz	MoS_2	52
Molybdänit	MoS_2	52
Muskovit	$K(Mg,Fe,Mn,Al)_{2-3}[(OH,F)_2AlSi_3O_{10}]$	82

N

Natrolith	$Na_2[Al_2Si_3O_{10}] \cdot 2\,H_2O$	80
Nephelin	$KNa_3[AlSiO_4]_4$	64
Neptunit	$KNa_2Li(Fe,Mn)_2Ti_2[O_2Si_8O_{22}]$	84

Mineral	Formel	Seite

O

Offretit	K,Ca,Mg[Al$_5$Si$_{13}$O$_{36}$] · 15 H$_2$O	58
Olivin	(Mg,Fe)$_2$SiO$_4$	76
Orthoklas	K[AlSi$_3$O$_8$]	82
Otjisumeit	PbGe$_4$O$_9$	90
Oxalsäure	C$_2$O$_4$H$_2$ · 2 H$_2$O	82

P

Pabstit	BaSn[Si$_3$O$_9$]	58
Parahilgardit	Ca$_2$[ClB$_5$O$_8$(OH)$_2$]	90
Pektolith	Ca$_2$NaH[Si$_3$O$_9$]	88
Pharmakolith	CaHAsO$_4$ · 2 H$_2$O	84
Pharmakosiderit	KFe^{3+}$_4$[(OH)$_4$(AsO$_4$)$_3$] · 7 H$_2$O	34
Phenakit	Be$_2$SiO$_4$	70
Phosgenit	Pb$_2$Cl$_2$CO$_3$	40
Powellit	CaMoO$_4$	42
Prehnit	Ca$_2$Al[(OH)$_2$AlSi$_3$O$_{10}$]	80
Proustit	Ag$_3$AsS$_3$	72
Pyrargyrit	Ag$_3$SbS$_3$	72
Pyrit	FeS$_2$	32
Pyromorphit	Pb$_5$[Cl(PO$_4$)$_3$]	56
Pyrophosphorit	Ca$_3$(PO$_4$)$_2$	66
Pyrrhotin	Fe$_{1-x}$S	52

Q

Quarz	SiO$_2$	2; 54; 68

R

Resorzin	C$_6$H$_4$(OH)$_2$	80
Retgersit	NiSO$_4$ · 6 H$_2$O	40
Rhabdit	(Fe,Ni,Co)$_3$P	46
Rhabdophan	(Ca,Ce,Nd)PO$_4$ · 0-0,5 H$_2$O	54
Rhodochrosit	MnCO$_3$	66
Rhodonit	CaMn$_4$[Si$_5$O$_{15}$]	88
Rinneit	K$_3$Na[FeCl$_6$]	66
Röntgenit	Ce$_3$Ca$_2$[F$_3$(CO$_3$)$_5$]	74

Mineral	Formel	Seite
Rotbleierz	$PbCrO_4$	82
Routhierit	$(Tl,Cu,Ag)(Hg,Zn)(As,Sb)S_3$	48

S

Mineral	Formel	Seite
Santanait	$Pb_{11}[O_{12}CrO_4]$	54
Santit	$K[B_5O_6(OH)_4] \cdot 2\,H_2O$	80
Scheelit	$CaWO_4$	42
Schreibersit	$(Fe,Ni,Co)_3P$	46
Schwefel	S	76; 82
Seignettesalz	$KNaC_4H_4O_6 \cdot 4\,H_2O$	78
Selen	Se	68
Siderit	$FeCO_3$	66
Silber	Ag	28
Skolezit	$Ca[Al_2Si_3O_{10}] \cdot 3\,H_2O$	84
Skutterudit	$(Co,Ni)As_3$	32
Smaltin	$(Co,Ni)As_3$	32
Smithsonit	$ZnCO_3$	66
Soda	$Na_2CO_3 \cdot 10\,H_2O$	82
Sodalith	$Na_8[Cl_2(AlSiO_4)_6]$ bis $Na_8[SO_4(AlSiO_4)_6]$	34
Speißkobalt	$(Co,Ni)As_3$	32
Sphalerit	ZnS	34
Sphen	$CaTi[OSiO_4]$	82
Spinelle	$(Mg, Fe^{2+})(Cr, Al, Fe^{3+})_2O_4$	28
Stannit	Cu_2FeSnS_4	44
Steinsalz	$NaCl$	28
Stephanit	Ag_5SbS_4	80
Stibarsen	$SbAs$	66
Stishovit	SiO_2	38
Struvit	$MgNH_4[PO_4] \cdot 6\,H_2O$	80

T

Mineral	Formel	Seite
Tachyhydrit	$CaMg_2Cl_6 \cdot 12\,H_2O$	70
Tellur	Te	68
Tellurantimon	Sb_2Te_3	66
Tief-Cristobalit	SiO_2	40
Tief-Leucit	$K[AlSi_2O_6]$	42
Tiefquarz	SiO_2	68
Tinkal	$Na_2B_4O_7 \cdot 10\,H_2O$	82

Mineral	Formel	Seite
Titanit	CaTi[OSiO$_4$]	82
Topas	Al$_2$[F$_2$SiO$_4$]	76
Torbermorit	Ca$_5$H$_2$[Si$_3$O$_9$]$_2 \cdot$ 4 H$_2$O	78
Torbernit	Ca[UO$_2$PO$_4$]$_2 \cdot$ 8 H$_2$O	38
Trigonit	Pb$_3$MnH[AsO$_3$]$_3$	84
Türkis	Cu(Al, Fe^{3+}, Ca)$_6$[(OH)$_2$PO$_4$]$_4 \cdot$ 4 H$_2$O	88
Turmalin	(Na,Ca)(Li,Al,Mg,Fe^{2+},Mn)$_3$(Al,Cr,Fe^{3+},V)$_6$[(OH,F)$_4$(BO$_3$)$_3$Si$_6$O$_{18}$]	72

U

Mineral	Formel	Seite
Ulexit	NaCa[B$_5$O$_6$(OH)$_6$] $\cdot$ 5 H$_2$O	88
Uranolepidolit	[UO$_2$(OH)$_2$] $\cdot$ Cu(OH)$_2$	88
Urea	CO(NH$_2$)$_2$	44
Uytenbogaardtit	Ag$_3$AuS$_2$	40

V

Mineral	Formel	Seite
Vandenbrandeit	[UO$_2$(OH)$_2$] $\cdot$ Cu(OH)$_2$	88
Variscit	AlPO$_4 \cdot$ 2 H$_2$O	76
Vesuvian	Ca$_{10}$(Mg,Fe)$_2$Al$_4$[(OH)$_4$(SiO$_4$)$_5$(Si$_2$O$_7$)]	38
Vivianit	Fe^{2+}$_3$(PO$_4$)$_2 \cdot$ 8 H$_2$O	82
Vuagnatit	CaAl[OHSiO$_4$]	78

W

Mineral	Formel	Seite
Wardit	NaAl$_3$(OH)$_4$(PO$_4$)$_2 \cdot$ 2 H$_2$O	40
Weddellit	CaC$_2$O$_4 \cdot$ 2 H$_2$O	42
Welinit	Mn^{2+}$_6$[(W^{6+},Mg,Sb,Fe)$_2$O$_2$][(OH)$_2$O(SiO$_4$)$_2$]	74
Whewellit	CaC$_2$O$_4 \cdot$ H$_2$O	82
Whitlockit	Ca$_3$(PO$_4$)$_2$	66
Willemit	Zn$_2$[SiO$_4$]	70
Wismut	Bi	66
Wittichenit	Cu$_3$BiS$_3$	78
Wulfenit	Pb(MoO$_4$)	50
Wurtzit	ZnS	62

Mineral	Formel	Seite
Y		
Yagiit	$(Na,K)_{1,5}Mg_2(Al,Mg,Fe)_3[AlSi_5O_{15}]_2$	52
Z		
Zink	Zn	52
Zinkblende	ZnS	34
Zinkit	ZnO	52; 62
Zinkspat	$ZnCO_3$	66
Zinkvitriol	$ZnSO_4 \cdot 7\,H_2O$	78
Zinnkies	Cu_2FeSnS_4	44
Zinnober	HgS	68
Zirkon	$ZrSiO_4$	38
Zirsinalith	$Na_6(Ca, Mn, Fe)Zr[Si_6O_{18}]$	72
Zoisit	$Ca_2Al_3[(OOH)SiO_4Si_2O_7]$	76

A

Achsenabschnitt 15
Achsensystem
    rechtwinkliges 15
Adamin 76
Åkermanit 44
Albit 88
Amesit 62
Anatas 38
Andalusit 76
Anhydrit 76
anisotrop 2
Ankerit 70
Antimon 66
Antimonit 76
Apatit 56
Aphthitalit 66
Apophyllit 38
Äquatorebene 3
Äquatorkreis 3
Aragonit 76
Aramayoit 90
Arsen 66
Asparagin 78
asymmetrische Einheit 6
Atakamit 76
Atroeit 90
Augpunkt 3
Austinit 78
Azimutwinkel 3; 4; 6

B

Baotit 42
Bartonit 38
Barysilit 66
Baryt 76
Bastnäsit 58
Batisit 80
Beckelit 56
Benitoit 58
Benzen 76
Berlinit 68
Beryll 52
Berzeliit 28
Bieberit 82
Billingsleyit 78
Bischofit 82
Bismutit 38
Blei 28

Bleiglanz 28
Bonattit 84
Boracit 34
Borax 82
Bournonit 80
Braunit 44
Britholit 56
Buttgenbachit 52

C

Cadmiumblende 62
Cahnit 46
Calcium-Uranglimmer 38
Calcit 66
Carnallit 76
Cassiterit 38
Cerussit 76
Cesanit 56
Chabasit 66
Chalkanthit 88
Chalkopyrit 44
Chemismus 26
Chlorbleierz 40
Cinnabarit 68
Coelestin 76
Cordierit 76
Cyanit 88

D

D´Ansit 34
Danburit 76
Davyn 56
Dawsonit 80
Deckoperation 7
Diaboleit 48
Diamant 28
Diaspor 76
Dichroit 76
Diomignit 48
Diopsid 82
Dioptas 70
Dipyramide 21
    dihexagonale 19
    ditetragonale 19
    hexagonale 19
    rhombische 20
    tetragonale 19; 21; 22
    trigonale 19; 24

Disphenoid
  rhombisches 20
  tetragonales 19
Dodekaeder 21
Dolomit 70
Doma 21
  monoklines 20
Drehachse 6; 8; 12; 13; 14; 17; 21
  2-zählig 8
  3-zählig 8
  4-zählig 8
  6-zählig 8
  n-zählig 13
Drehinversion 7; 10; 11; 12
Drehinversionsachse 11; 17
  3-zählig 11
  4-zählig 11
  6-zählig 11
Drehoperation 8
Drehsinn 14
Drehspiegelung 7
Drehsymmetrie 12
Drehung 7; 10; 13; 14
Drehwinkel 7
Dyakisdodekaeder 19

E

Einheitsfläche 15; 16
Eis 28; 52
Eisen 28
Elementarzelle 15; 16
enantiomorph 14
Enantiomorphie 24
Enstatit 76
Epidot 82
Epsomit 78
Ettringit 72
Eudialyt 66

F

Faujasit 28
Festkörper 2
Fichtelit 80
Flächen
  allgemeiner Lage 21
  spezieller Lage 21
Flächenlage
  allgemeine 21; 23
  spezielle 21; 23

Flächennormale 3; 5
Flächenpol 3; 4
Fluorit 28
Form
  geschlossene 21
  offene 21

G

Galenit 28
Gelbbleierz 50
Gerhardtit 78
Gersdorffit 36
Gesamtsymmetrie 17
Gesteine 2
Gips 82
Glaserit 66
Gleitspiegelung 7; 14
Glyzerol 78
Goethit 76
Gold 28
Goslarit 78
Granat 28
Graphit 52
Greenockit 62
Großkreis 5
Grundkreis 3

H

Habitus 21
Halit 28
Halloysit 84
Halotrichit 86
Hämatit 66
Harnstoff 44
Hartit 90
Hatchit 88
Hausmannit 38
Hemimorphit 80
Hermann-Mauguin
  Symbolik nach 17; 18
Hexaeder 21
Hexakisoktaeder 19
Hexakistetraeder 19
Hilgardit 84
Hoch-Leucit 28
Hochquarz 54
homogen 2
Honigstein 40

Hornblende 82
Huntit 68

I

Ilmenit 70
Inversion 7; 10
Inversionszentrum 5; 6; 10; 11; 13; 25
isotrop 2

J

Jeremejewit 56

K

Kalialaun 32
Kaliophilit 54
Kaliumdihydrogenphosphat 44
Kaliumpräsodymnitrat 30
Kalomel 38
Kaolinit 88
Kieselzinkerz 80
Kieserit 82
Kleinkreis 6
Kohlenstoff 34
Kombination 13
Koppelung 7; 10; 12
Korund 52; 66
Kristall 1; 2
Kristalle 15
   enantiomorphe 24
   kubische 15
   optisch aktive 14
   rhombische 15
   tetragonale 15
Kristallflächen 5
kristalline Materie 1
Kristallklasse
   dihexagonal-dipyramidal 52
   dihexagonal-pyramidal 62
   disdokaedrisch 32
   ditetragonal-dipyramidal 38
   ditetragonal-pyramidal 48
   ditrigonal-dipyramidal 58
   ditrigonal-pyramidal 72
   ditrigonal-skalenoedrisch 66
   hexagonal-dipyramidal 56
   hexagonal-pyramidal 64
   hexagonal-trapezoedrisch 54

Kristallklasse
   hexakisoktaedrisch 28
   hexakistetraedrisch 34
   monoklin-domatisch 84
   monoklin-prismatisch 82
   monoklin-sphenoidisch 86
   pentagonikositetraedrisch 30
   rhombisch-dipyramidal 76
   rhombisch-dispenoidisch 78
   rhombisch-pyramidal 80
   rhomboedrisch 70
   tetraedrisch pentagondodekaedrisch 36
   tetragonal-dipyramidal 42
   tetragonal-dispenoidisch 46
   tetragonal-pyramidal 50
   tetragonal-skalenoedrisch 44
   tetragonal-trapezoedrisch 40
   trigonal-dipyramidal 60
   trigonal-pyramidal 74
   trigonal-trapezoedrisch 68
   triklin-pedial 90
   triklin-pinakoidisch 88
Kristallklassen 17; 26
Kristallmorphologie 26
Kristallographie 1
Kristallstruktur 2; 26
Kristallsystem 17
   hexagonales 16
   kubisches 15
   monoklines 16
   orthorhombisches 16
   schiefwinkliges 15
   tetragonales 15
   trigonales 15; 16
   triklines 16
Kristallsysteme 15
Kristallzentrum 10
Krokoit 82
Kryolith 82
Kryptomelan 42
Kupfer 28
Kupferhalogenide
   einwertige 34
Kupferkies 44
Kupfervitriol 88
Kyanit 88

L

Langbeinit 36
Laurelit 60
Lenait 48

M

Magnesit 66
Magnesium 52
Magnetkies 52
Manganit 82
Markasit 76
Maucherit 40
Mayenit 34
Melilith 44
Mellit 40
Mennige 38
Mesolith 86
Metacinnabarit 34
Mikroklin 88
Milarit 52
Millerit 72
Mineral 1; 2
Molybdänglanz 52
Molybdänit 52
Morphologie 2
Motiv 2; 6; 7; 9; 10; 14
   spiegelsymmetrisches 9
Muskovit 82

N

Nadir 3
Natrit 82
Natrolith 80
Nephelin 64
Neptunit 84
Nordpol 3; 6

O

Offretit 58
Oktaeder 21
Olivin 76
Orthoklas 82
Otjisumeit 90
Oxalsäure 82

P

Pabstit 58
Parahilgardit 90
Pedion 21
   triklines 20
Pektolith 88

Pentagondodekaeder
   tetraedrisches 19
Pentagonikositetraeder 19
Periodizität 2
Pharmakolith 84
Pharmakosiderit 34
Phenakit 70
Phosgenit 40
Pinakoid 21
   triklines 20
Poldistanz 3; 4; 6
Polkugel 3
Powellit 42
Prehnit 80
Prisma 21
   monoklines 20
Projektion 3
Projektionsebene 3
Projektionsfläche 4
Projektionskugel 3; 4
Proustit 72
Punktgruppe 9; 17
Pyramide 21
   dihexagonale 19; 21
   ditetragonale 19; 21
   ditrigonale 20; 21
   hexagonale 19; 21
   rhombische 21
   tetragonale 19; 21
   trigonale 20; 21
Pyrargyrit 72
Pyrit 32
Pyromorphit 56
Pyrophosphorit 66
Pyrrhotin 52

Q

Quarz 2

R

Raumgruppen 9
Reflexionsgoniometer 4
Resorzin 80
Retgersit 40
Rhabdit 46
Rhabdophan 54
Rhodochrosit 66
Rhodonit 88

Rhomboeder 21
   trigonales 20
Rinneit 66
Röntgenit 74
Rotbleierz 82
Rotgültigerz
   lichtes 72
Routhierit 48

S

Santanait 54
Santit 80
Scheelit 42
Schönflies 20
Schraubenachse 14
Schraubung 7; 14
Schreibersit 46
Schwefel 76; 82
Seignettesalz 78
Selen 68
Siderit 66
Silber 28
Skalenoeder 21
   ditrigonales 20
   tetragonales 19
Skolezit 84
Skutterudit 32
Smaltin 32
Smithsonit 66
Soda 82
Sodalith 34
Speißkobalt 32
Sphalerit 34
Sphen 82
Sphenoid 21
   monoklines 20
Spiegelebene 5; 6; 9; 12; 13; 14; 17; 21; 25
Spiegelebenen
   nicht symmetrieäquivalante 13
   symmetrieäquivalante 13
Spiegelebenensätze
   nicht symmetrieäquivalante 12
   symmetrieäquivalante 12
Spiegellinie 9
Spiegelung 7; 9; 10; 13; 14
Spinell 28
Stannit 44
Steinsalz 28
Stephanit 80
Stereogramm 8; 9
stereographische Projektion 1; 3; 4; 5; 6; 25
Stibarsen 66

Stishovit 38
Struvit 80
Südpol 3; 6
Symbolik
   nach Hermann-Mauguin 17; 18; 19; 20
   nach Schönflies 20
Symmetrie 6
Symmetrieachse 17
Symmetrieeigenschaften 1
Symmetrieelement 1; 5; 6; 12; 17; 21; 23; 25; 26
Symmetrieelemente
   nicht symmetrieäquivalente 17
   symmetrieäquivalente 17
Symmetrieoperation 7; 13; 17
   kombinierte 13
Symmetriezentrum 7; 17

T

Tachyhydrit 70
Tellur 68
Tellurantimon 66
Tetraeder 21
Tief-Chalkosin 80
Tief-Cristobalit 40
Tief-Leucit 42
Tiefquarz 24; 68
Tinkal 82
Titanit 82
Tobermorit 78
Topas 76
Torbernit 38
Tracht 2
Translation 7; 14
Translationsgitter 9
Translationsvektor 7; 14
Trapezoeder 21
   hexagonales 19
Trapezoeder 21
   tetragonales 19
   trigonales 20
Trigonit 84
triklinen Kristallen 5
Türkis 88
Turmalin 72

U

Ulexit 88
Uranolepidolit 88

Urea 44
Uytenbogaardtit 40

V

Vandenbrandeit 88
Variscit 76
Verschiebung 14
Vesuvian 38
Vivianit 82
Vuagnatit 78

W

Wardit 40
Weddellit 42
Welinit 74
Whewellit 82
Whitlockit 66
Willemit 70
Wismut 66
Wittichenit 78
Wulfenit 50
Wulffsches Netz 4; 6
Wurtzit 62

Y

Yagiit 52

Z

Zähligkeit 12; 17
Zenit 3
Zink 52
Zinkblende 34
Zinkit 52; 62
Zinkspat 66
Zinkvitriol 78
Zinnkies 44
Zinnober 68
Zirkon 38
Zirsinalith 72
Zoisit 76
Zonenkreis 5

Modell Nr. 2

Kristallsystem: kubisch

Kristallklasse: 432

Form: Pentagonikositetraeder

Modellabbildung

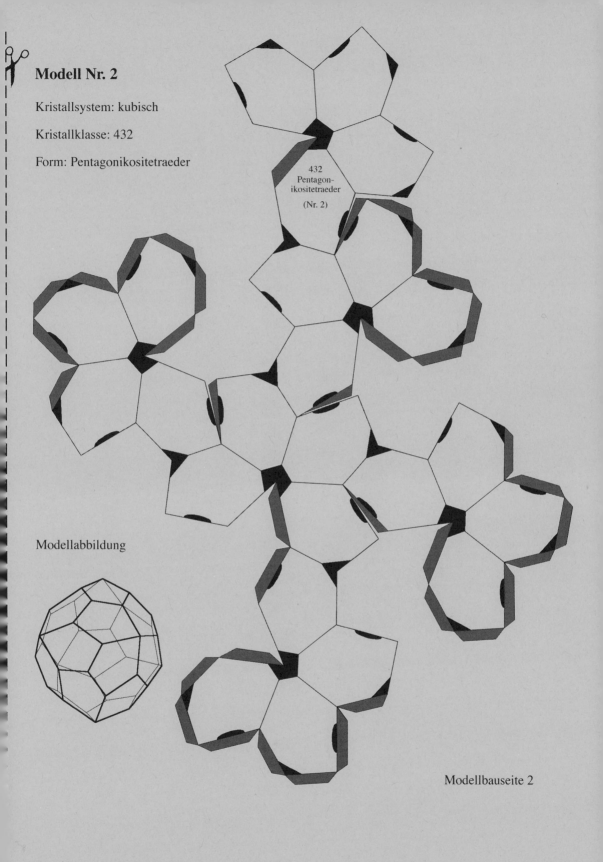

Modellbauseite 2

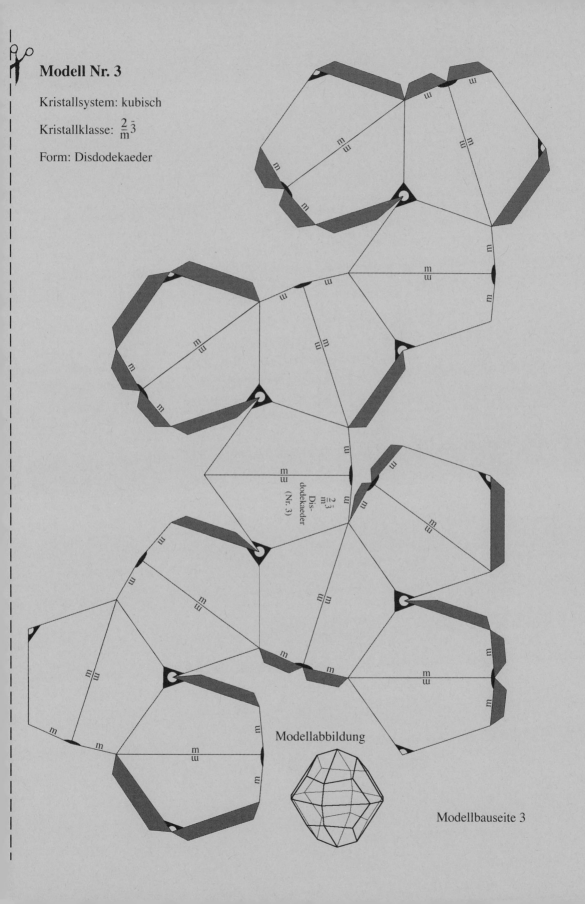

Modell Nr. 4

Kristallsystem: kubisch

Kristallklasse: $\bar{4}3m$

Form: Hexakistetraeder

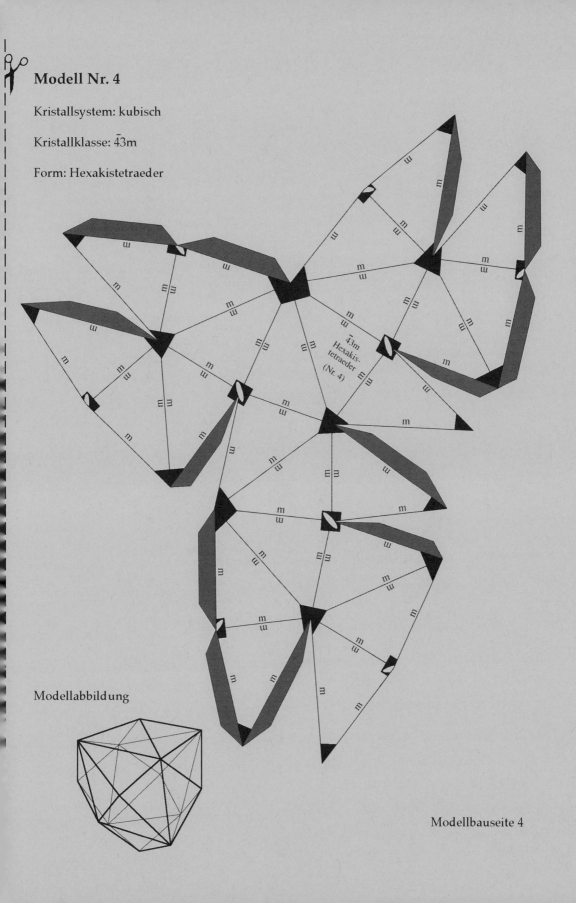

Modellabbildung

Modellbauseite 4

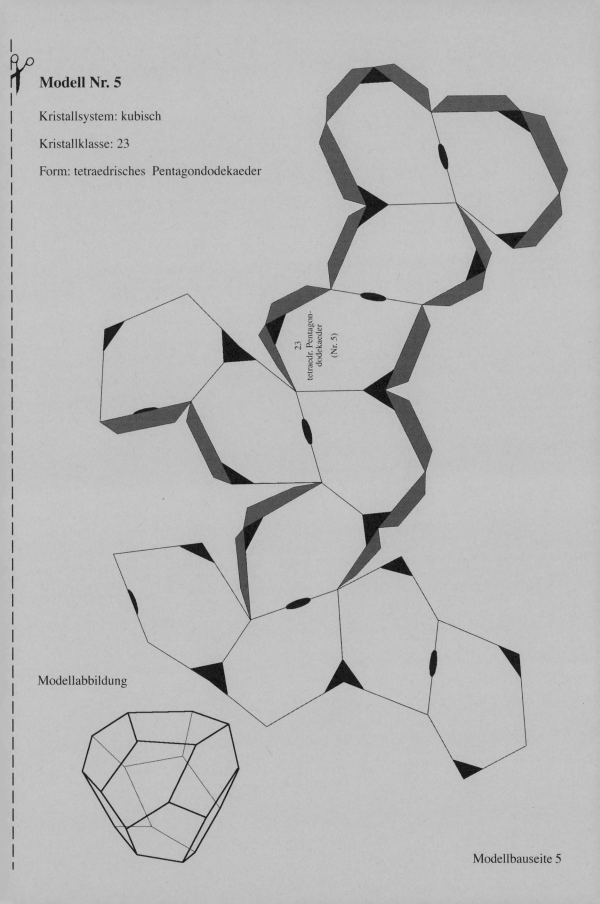

Modell Nr. 6

Kristallsystem: tetragonal

Kristallklasse: $\frac{4}{m}\frac{2}{m}\frac{2}{m}$

Form: ditetragonale Dipyramide

Modellabbildung

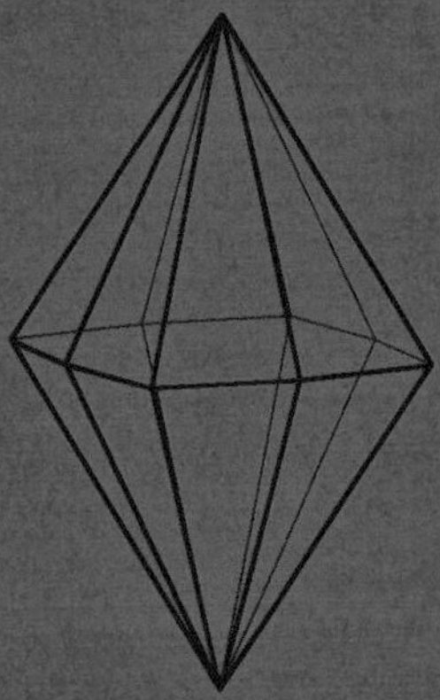

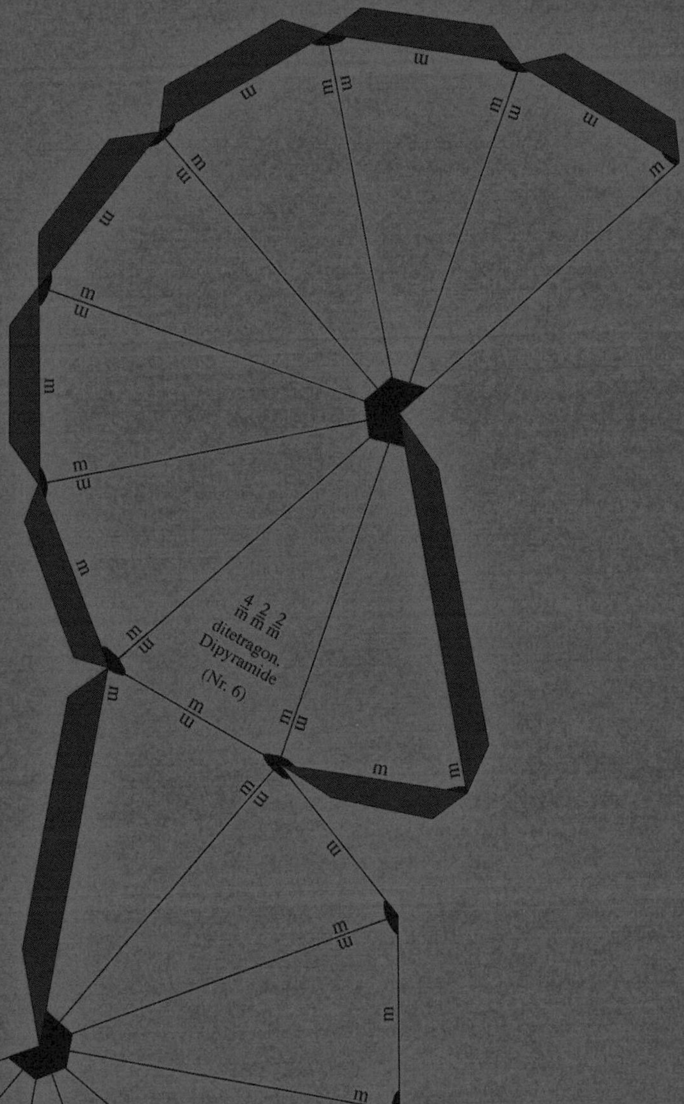

$\frac{4}{m}\frac{2}{m}\frac{2}{m}$
ditetragon.
Dipyramide
(Nr. 6)

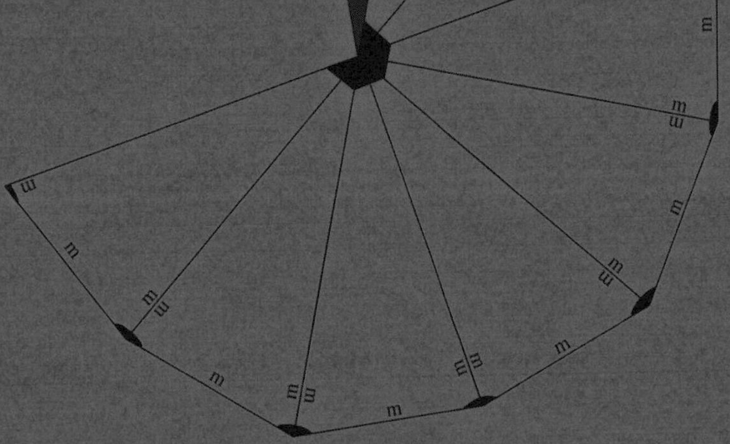

Modellbauseite 6

Modell Nr. 7

Kristallsystem: tetragonal

Kristallklasse: 422

Form: tetragonales Trapezoeder

Modellabbildung

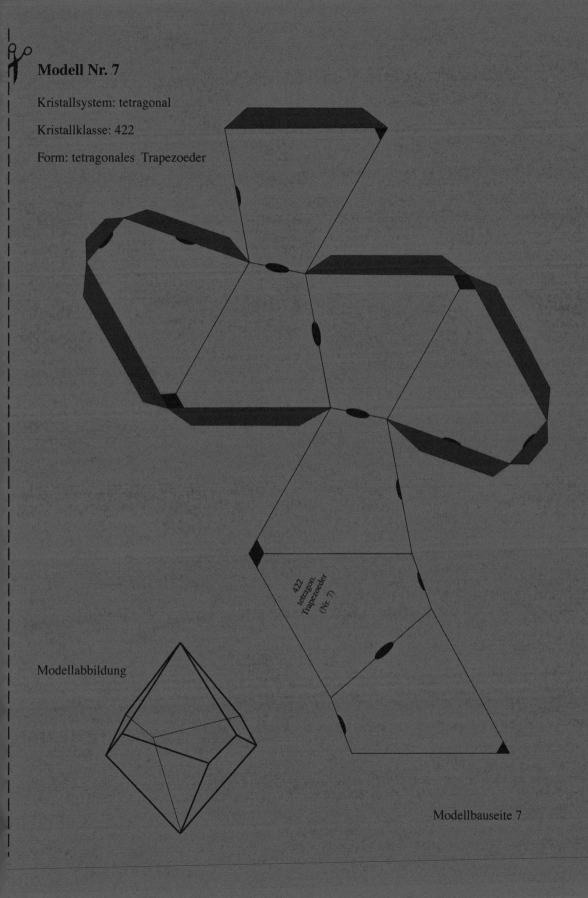

Modellbauseite 7

Modell Nr. 8

Kristallsystem: tetragonal

Kristallklasse: $\frac{4}{m}$

Form: tetragonale Dipyramide

$\frac{4}{m}$
tetragonale
Dipyramide
(Nr. 8)

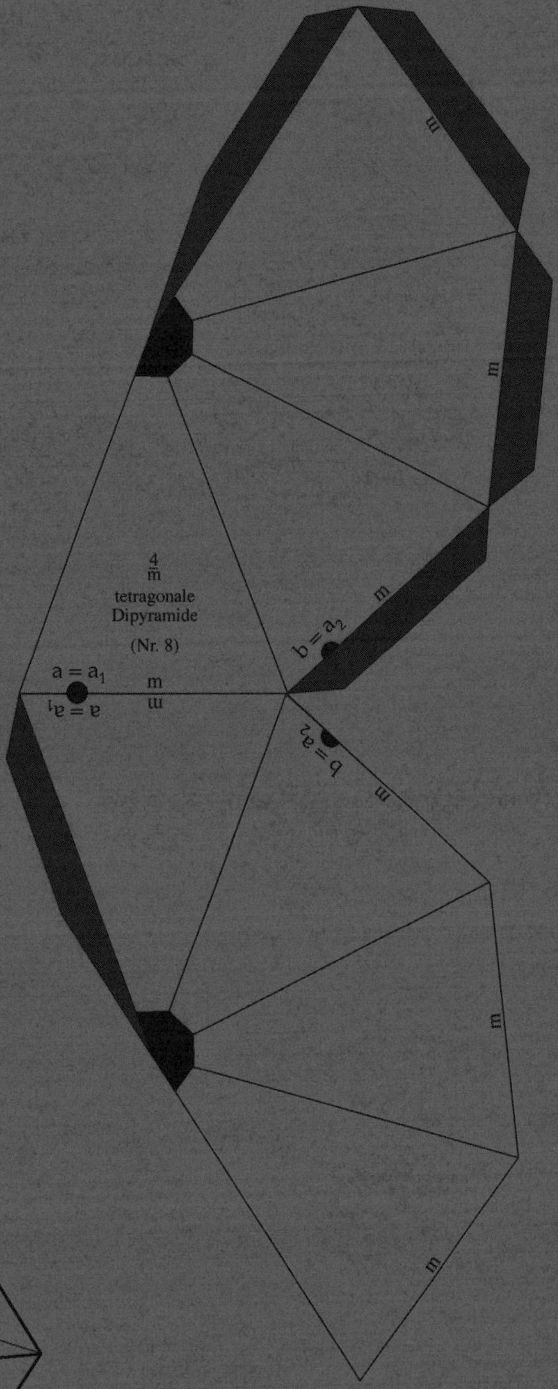

Modellabbildung

Modellbauseite 8

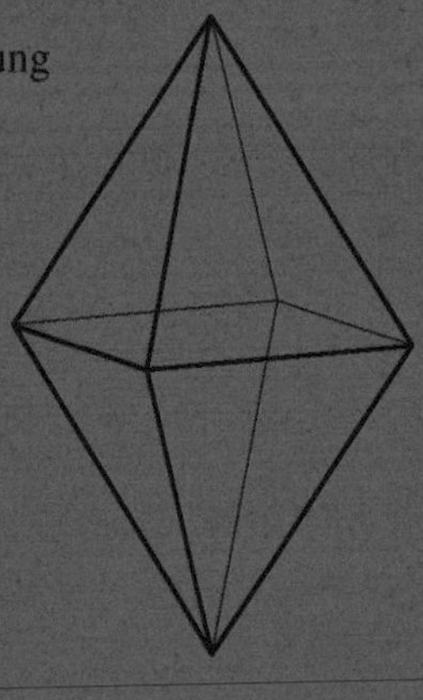

Modell Nr. 9

Kristallsystem: tetragonal

Kristallklasse: $\bar{4}2m$

Form: tetragonales (didigonales) Skalenoeder

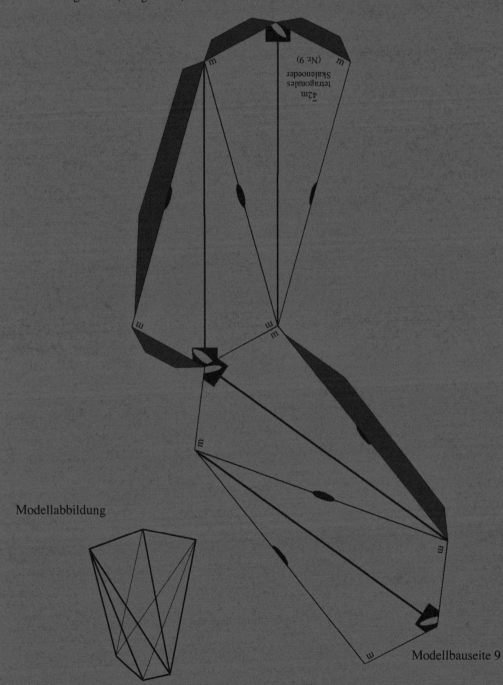

Modellabbildung

Modellbauseite 9

Modell Nr. 10

Kristallsystem: tetragonal

Kristallklasse: $\bar{4}$

Form: tetragonales Disphenoid

Modellabbildung

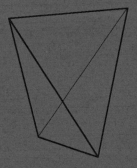

Modellbauseite 10

Modell Nr. 11

Kristallsystem: tetragonal

Kristallklasse: 4mm

Form: ditetragonale Pyramide und Pedion

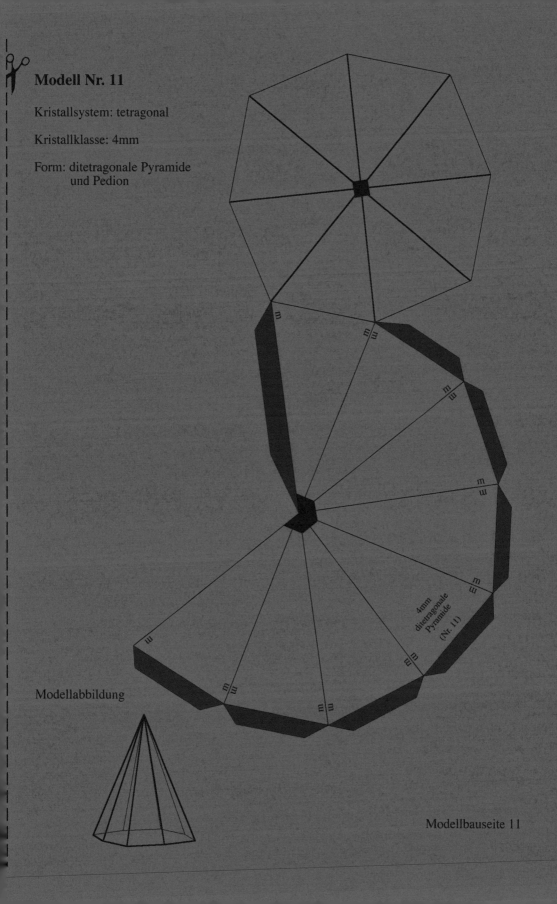

Modellabbildung

Modellbauseite 11

Modell Nr. 12

Kristallsystem: tetragonal

Kristallklasse: 4

Form: tetragonale Pyramide und Pedion

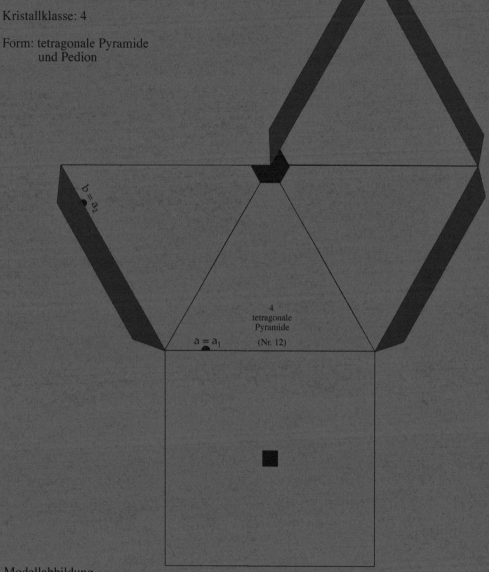

Modellabbildung

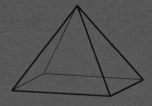

Modellbauseite 12

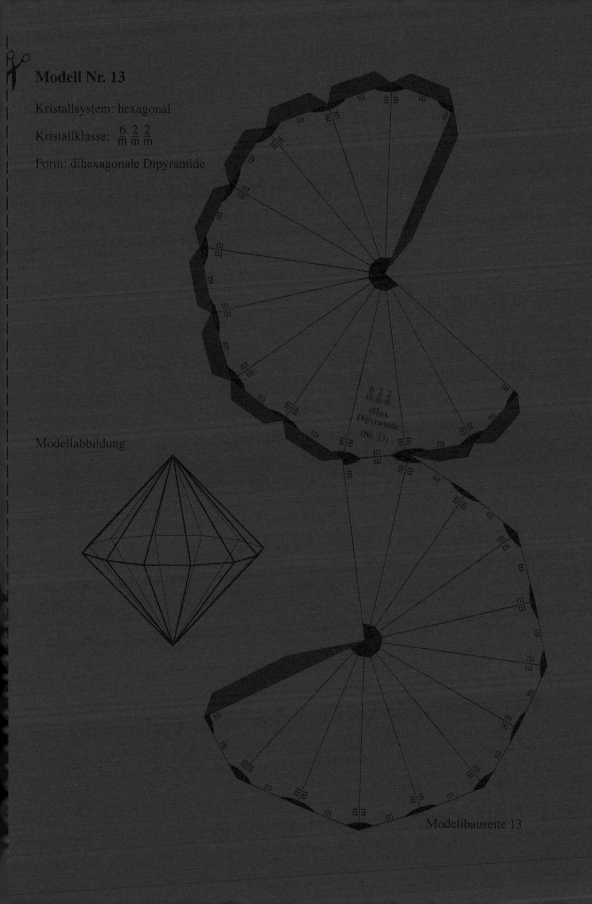

Modell Nr. 14

Kristallsystem: hexagonal

Kristallklasse: 622

Form: hexagonales Trapezoeder

Modellabbildung

Modellbauseite 14

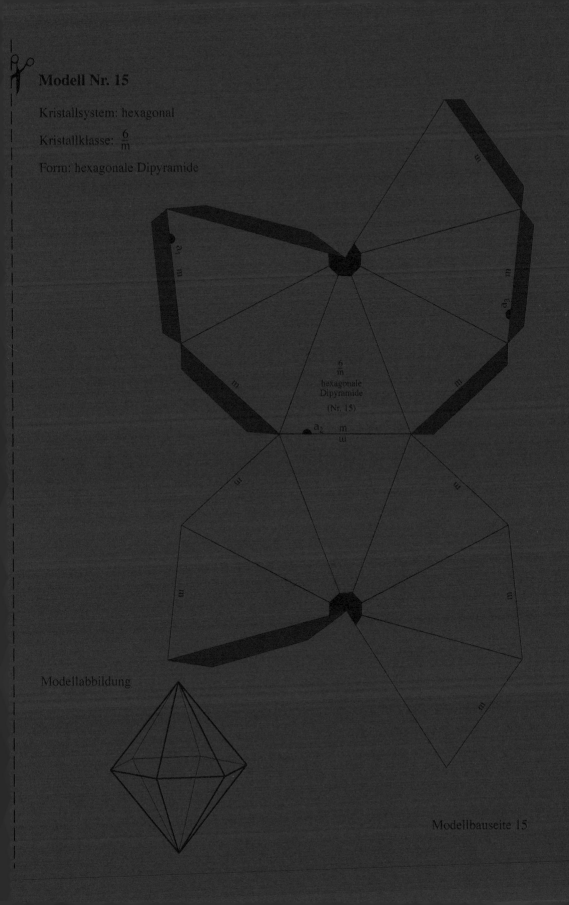

Modell Nr. 16

Kristallsystem: hexagonal

Kristallklasse: 6̄m2

Form: ditrigonale Dipyramide

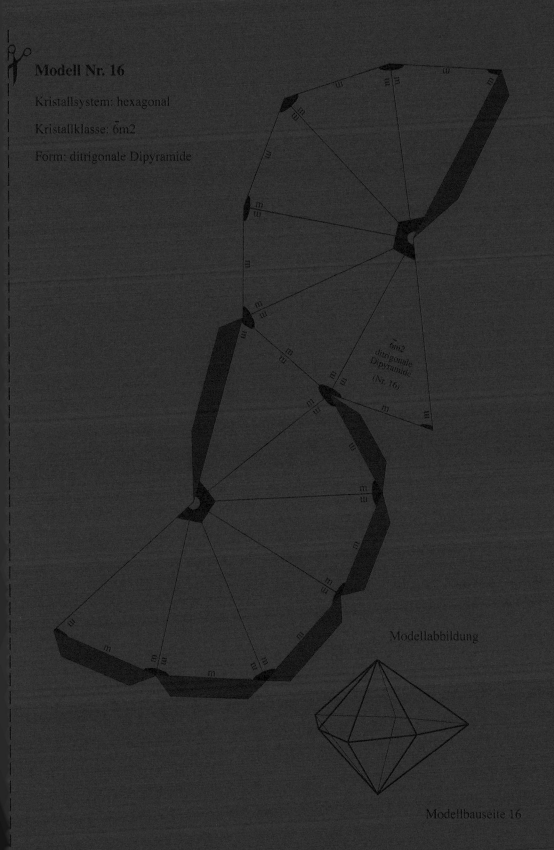

Modellabbildung

Modellbauseite 16

Modell Nr. 17

Kristallsystem: hexagonal

Kristallklasse: $\bar{6}$

Form: trigonale Dipyramide

Modellabbildung

Modellbauseite 17

Modell Nr. 18

Kristallsystem: hexagonal

Kristallklasse: 6mm

Form: dihexagonale Pyramide und Pedion

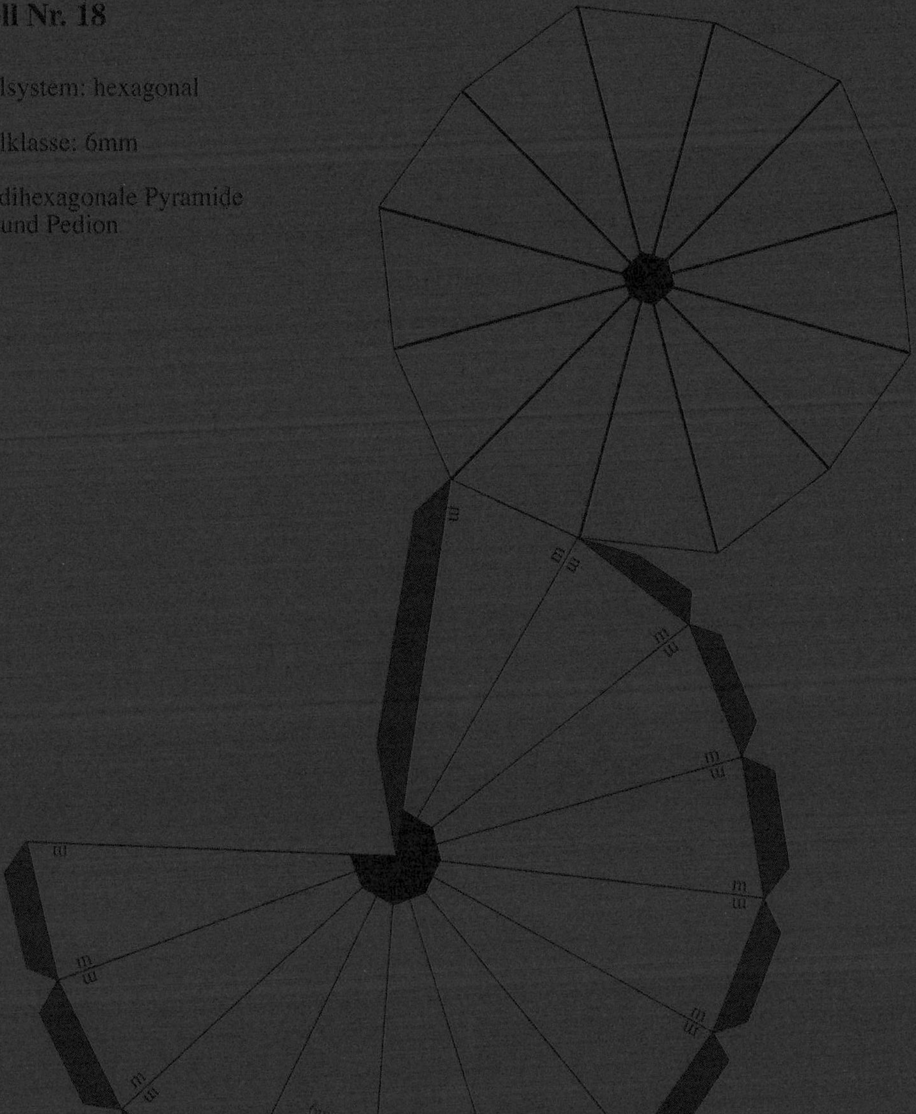

Modellabbildung

Modellbauseite 18

Modell Nr. 19

Kristallsystem: hexagonal

Kristallklasse: 6

Form: hexagonale Pyramide
und Pedion

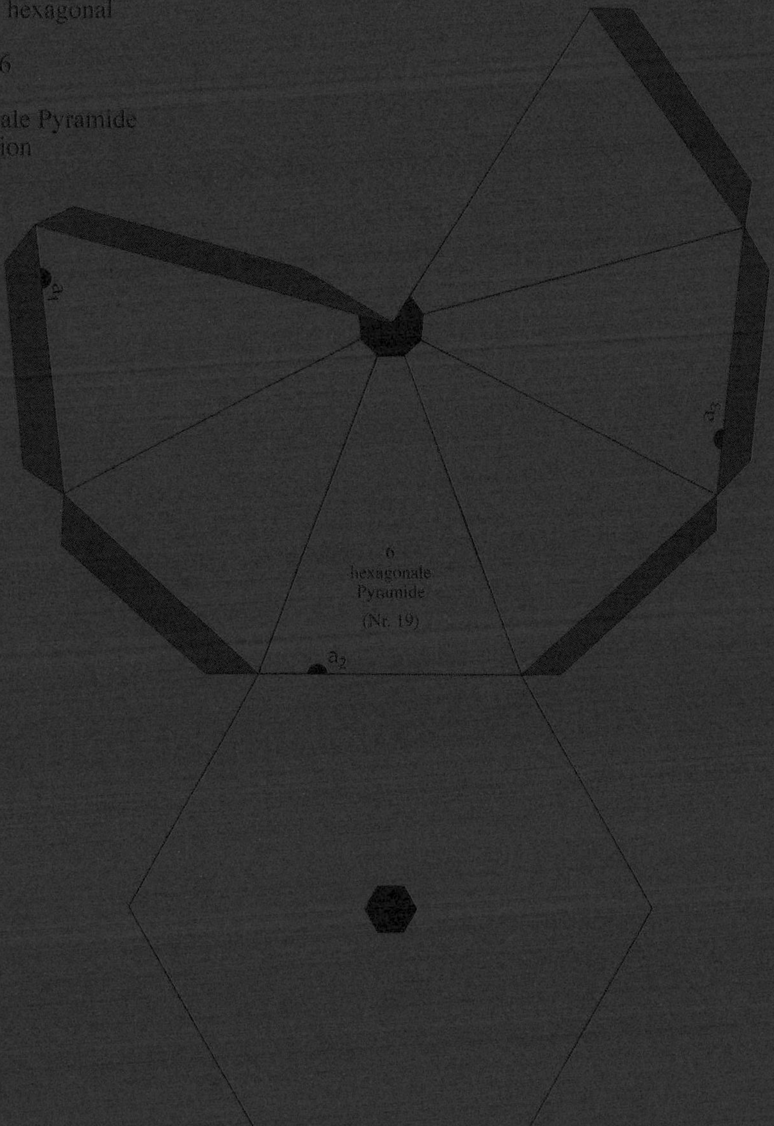

6
hexagonale
Pyramide
(Nr. 19)

Modellabbildung

Modellbauseite 19

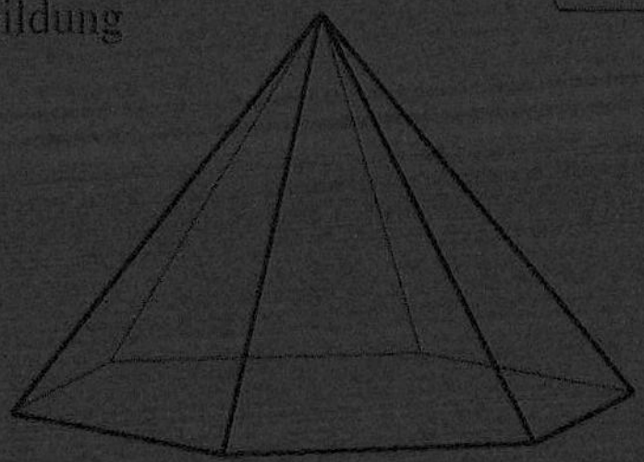

Modell Nr. 20

Kristallsystem: trigonal

Kristallklasse: $\bar{3}\frac{2}{m}$

Form: ditrigonales Skalenoeder

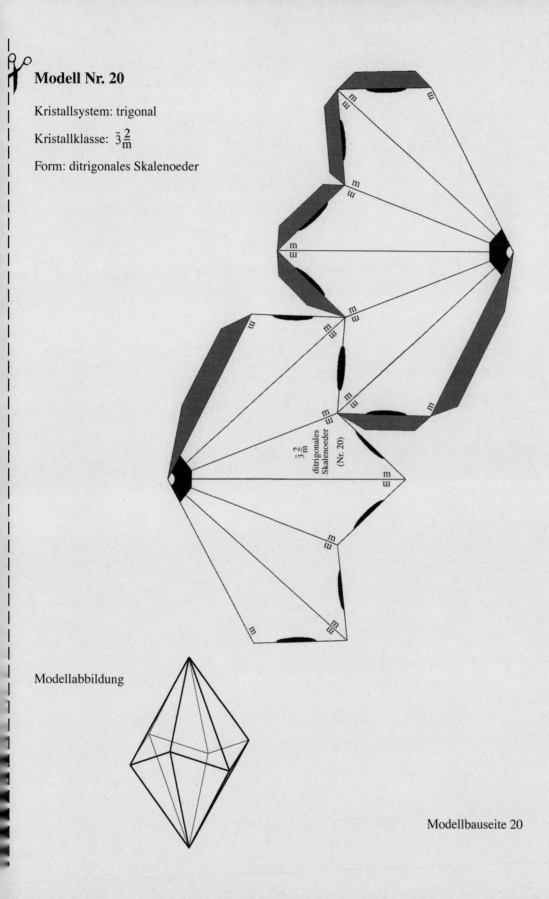

Modellabbildung

Modellbauseite 20

Modell Nr. 21

Kristallsystem: trigonal

Kristallklasse: 32

Form: ditrigonales Trapezoeder

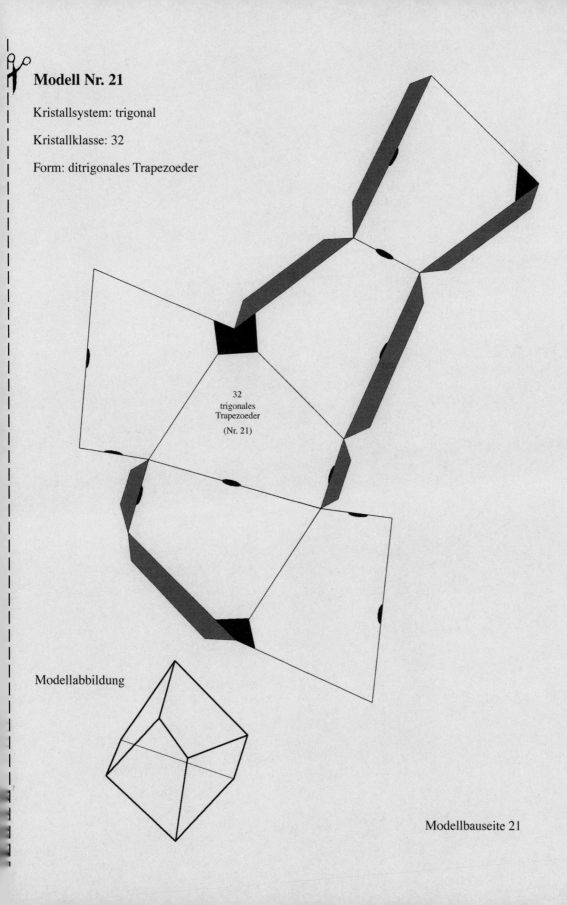

Modellabbildung

Modellbauseite 21

Modell Nr. 22

Kristallsystem: trigonal

Kristallklasse: $\bar{3}$

Form: ditrigonales Rhomboeder

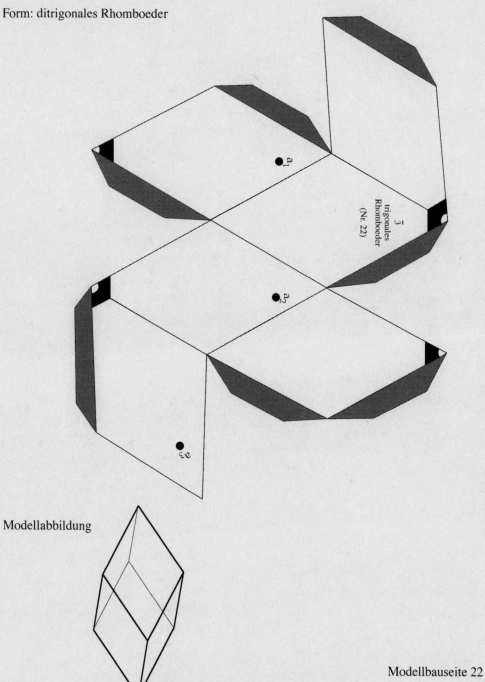

Modellabbildung

Modellbauseite 22

Modell Nr. 23

Kristallsystem: trigonal

Kristallklasse: 3m

Form: ditrigonale Pyramide und Pedion

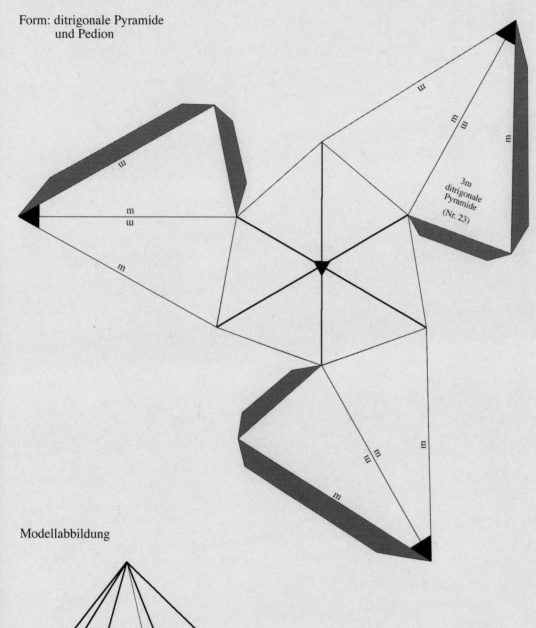

Modellabbildung

Modellbauseite 23

Modell Nr. 24

Kristallsystem: trigonal

Kristallklasse: 3

Form: trigonale Pyramide und Pedion

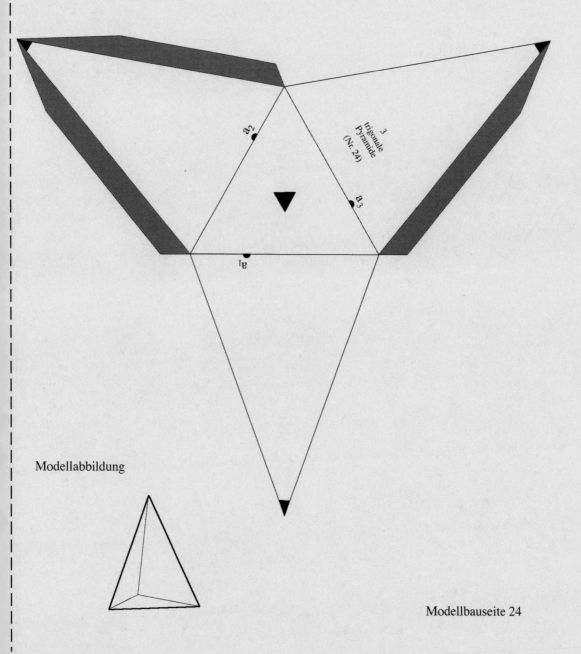

Modellabbildung

Modellbauseite 24

Modell Nr. 25

Kristallsystem: orthorhombisch

Kristallklasse: $\frac{2}{m}\frac{2}{m}\frac{2}{m}$

Form: rhombische Dipyramide

$\frac{2}{m}\frac{2}{m}\frac{2}{m}$
rhombische
Dipyramide
(Nr. 25)

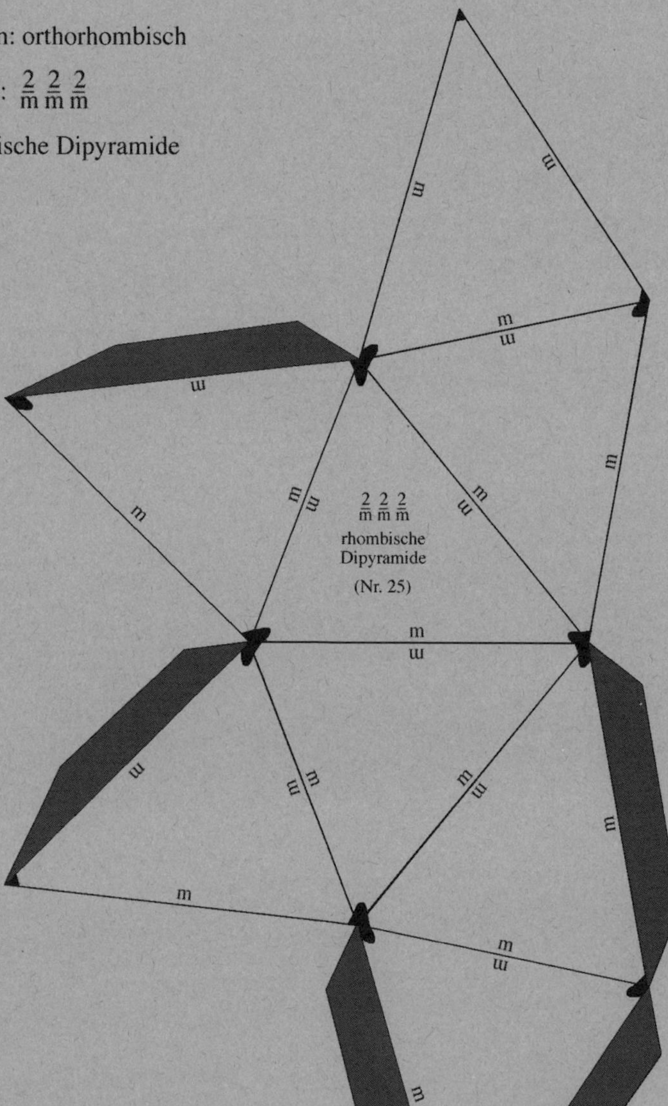

Modellabbildung

Modellbauseite 25

Modell Nr. 26

Kristallsystem: orthorhombisch

Kristallklasse: 222

Form: rhombisches Disphenoid

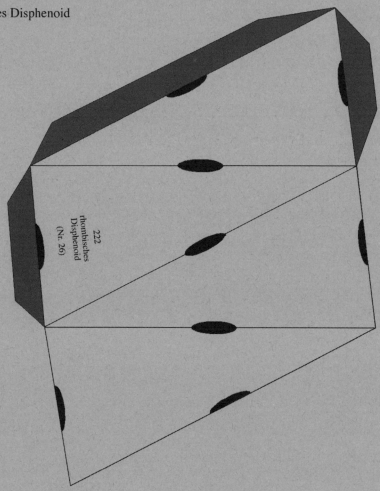

Modellabbildung

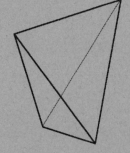

Modellbauseite 26

Modell Nr. 27

Kristallsystem: orthorhombisch

Kristallklasse: mm2

Form: rhombische Pyramide und Pedion

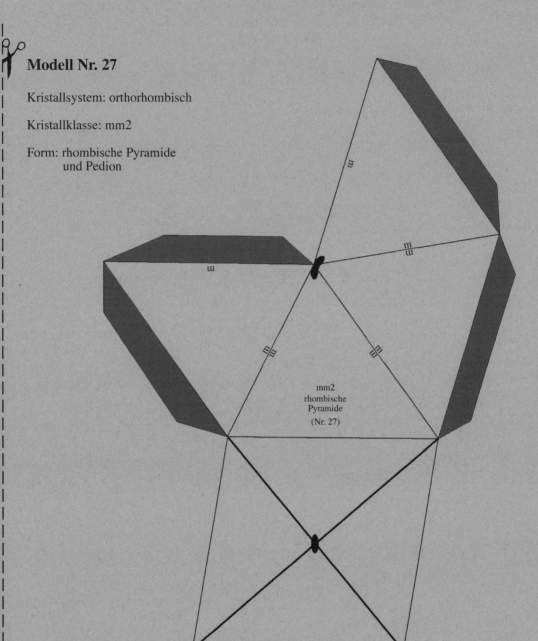

Modellabbildung

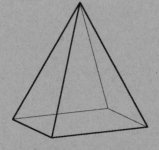

Modellbauseite 27

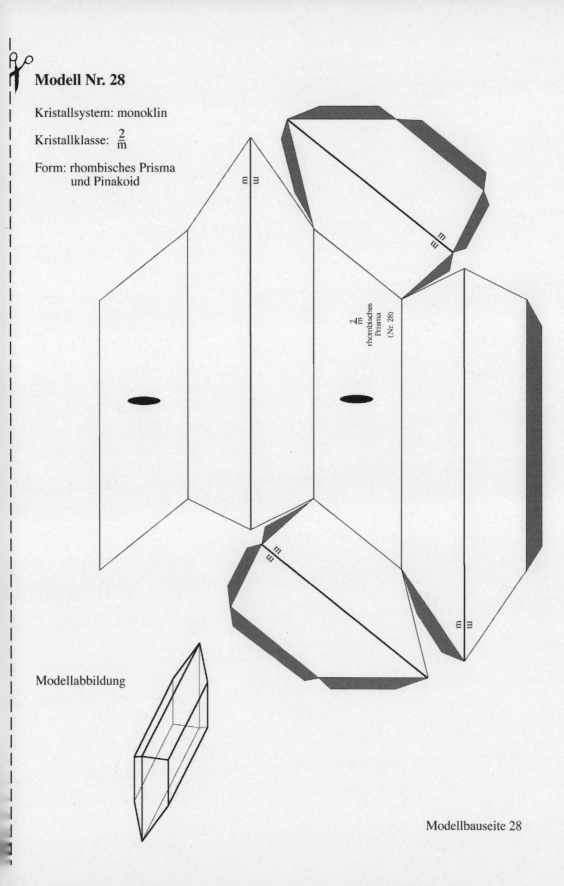

Modell Nr. 29

Kristallsystem: monoklin

Kristallklasse: m

Form: Doma und Pedien

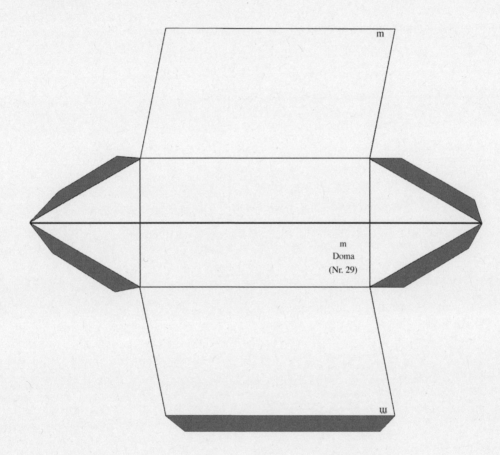

Modellabbildung

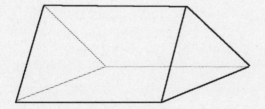

Modellbauseite 29

Modell Nr. 30

Kristallsystem: monoklin

Kristallklasse: 2

Form: Sphenoid
 und seitliche Pedien

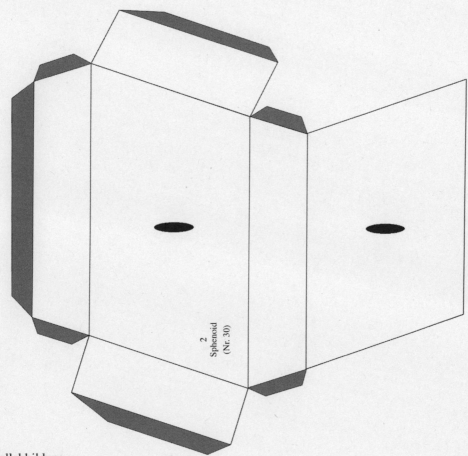

Modellabbildung

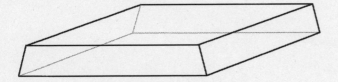

Modellbauseite 30

Modell Nr. 31

Kristallsystem: triklin

Kristallklasse: $\bar{1}$

Form: trikline Pinakoide

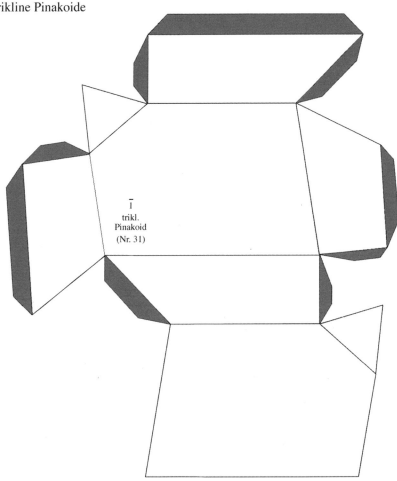

$\bar{1}$
trikl.
Pinakoid
(Nr. 31)

Modellabbildung

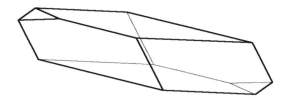

Modell Nr. 32

Kristallsystem: triklin

Kristallklasse: 1

Form: trikline Pedien

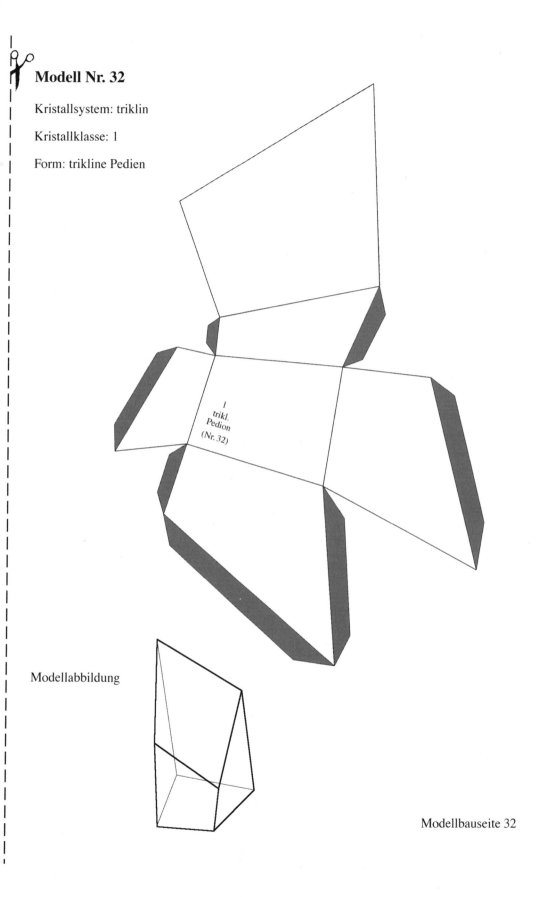

Modellabbildung

Modellbauseite 32